Untersuchungen über die Gestalt der Himmelskörper

Rochesche Satelliten und ringförmige Gleichgewichtsfiguren rotierender Flüssigkeiten mit Zentralkörper

---

Inaugural-Dissertation

zur

Erlangung der Doktorwürde

der

Hohen Philosophischen Fakultät

der

Universität Leipzig

vorgelegt von

Viktor Garten

Springer-Verlag Berlin Heidelberg GmbH 1931

Angenommen von der Mathematisch-Naturwissenschaftlichen Abteilung der Philosophischen Fakultät auf Grund der Gutachten der Herren Lichtenstein und Heisenberg.

Leipzig, den 11. Juni 1931.

Golf,
d. Z. Dekan der Mathematisch-Naturwissenschaftlichen
Abteilung der Philosophischen Fakultät.

ISBN 978-3-662-40740-0 ISBN 978-3-662-41222-0 (eBook)
DOI 10.1007/978-3-662-41222-0

Sonderabdruck
aus Band 35, Heft 5 der Mathematischen Zeitschrift.

Meiner Mutter!

Einleitung.

Um die Mitte des vorigen Jahrhunderts wurde Roche[1]) durch Annäherungsrechnungen zu folgendem Resultat geführt. Ein unendlich kleiner Mondkörper rotiere mit konstanter Winkelgeschwindigkeit um einen festen Zentralkörper von kugelähnlicher Gestalt derart, daß er diesem stets dieselbe Seite zukehrt. Die Mondmasse als flüssig angenommen, befindet sich das erwähnte System (auf ein mitrotierendes Achsenkreuz bezogen) im Gleichgewicht, wenn der Mond die Gestalt eines dreiachsigen Ellipsoids besitzt, dessen längste Achse auf das Attraktionszentrum hin gerichtet ist, und dessen kürzeste in die Richtung der Rotationsachse fällt. Darüber hinaus gelang es Roche, zu zeigen, daß man bei variabler Winkelgeschwindigkeit zwei Reihen von Gleichgewichtsfiguren erhält, die folgendermaßen beschaffen sind. Für sehr kleine Werte der Winkelgeschwindigkeit hat das Ellipsoid nahezu die Gestalt einer Kugel oder einer unendlich dünnen Nadel — die Entfernung des Mondes vom Zentralkörper ist sehr groß. Mit dem Anwachsen der Winkelgeschwindigkeit — dem eine sukzessive Abnahme der Entfernung entspricht — werden die anfangs kugelförmigen Ellipsoide immer stärker, die anfangs nadelförmigen immer weniger abgeplattet, bis sich beide Reihen in einer Figur vereinigen, die dem Maximum der Winkelgeschwindigkeit und damit zugleich dem Minimum des Abstandes vom Zentralkörper entspricht.

---

[1]) Vgl. die unter [25]) angeführten Abhandlungen von É. Roche.

Erst im Anschluß an die Poincarésche Theorie hat Schwarzschild [2]) eine Verschärfung der Methoden und eine Behandlung des erwähnten Problems im Rahmen einer allgemeinen Theorie angestrebt. Seine Untersuchungen leitete vor allem das Interesse für den Stabilitätscharakter der Figuren, und er konnte sein Resultat dahingehend aussprechen: „Von den Rocheschen Ellipsoiden ist die Reihe der weniger abgeplatteten stabil, die Reihe der stärker abgeplatteten instabil. An die Rocheschen Ellipsoide schließen sich keine andern stabilen Gleichgewichtsfiguren an; an die weniger abgeplatteten und die dem Grenzellipsoid benachbarten stärker abgeplatteten Ellipsoide schließen sich überhaupt keine anderen Gleichgewichtsfiguren an.... In der Reihe der stärker abgeplatteten Ellipsoide können nun vielleicht auch andere Stabilitätskoeffizienten verschwinden und zu Verzweigungen Anlaß geben.“ Doch verzichtet er auf diese Untersuchung, da sie die Kenntnis der Glieder von mindestens zweiter Ordnung erfordern würde.

In seinen bekannten Abhandlungen [3]), die hinsichtlich ihrer Strenge restlos befriedigen, gelang Liapounoff neben dem exakten Konvergenzbeweis sogar die vollständige Diskussion der Verzweigungsgleichungen. Seine Untersuchungen beziehen sich auf die Gleichgewichtsfiguren in der Nachbarschaft der Maclaurinschen und Jacobischen Ellipsoide und berühren das Rochesche Problem nicht. Sie sind wesentlich analytischen Charakters und bedingen umständliche, oft etwas unübersichtliche Rechnungen.

In neuerer Zeit hat Herr Lichtenstein in Erweiterung der Untersuchungen von Liapounoff, unter Heranziehung neuerer Methoden der Analysis, insbesondere der Theorie linearer Integralgleichungen, zu der Theorie der Gleichgewichtsfiguren einen wesentlich bequemeren Zugang eröffnet (vgl. loc. cit. [7])). Es handelt sich dort vor allem um die Bestimmung neuer Gleichgewichtsfiguren in der Nachbarschaft *beliebiger* als bekannt vorausgesetzter Gleichgewichtsfiguren für wenig veränderte Werte der Winkelgeschwindigkeit. Im folgenden werden wir die Tatsache benutzen, daß die von Herrn Lichtenstein entwickelte Methode sich auch in dem Fall mit Erfolg durchführen läßt, wo die zugrunde gelegte Figur eine Gleichgewichts-

---

[2]) Vgl. loc. cit. [40]).

[3]) Es sind dies vor allem: Liapounoff, Sur un problème de Tschébycheff, Mém. de l'acad. des sciences de Pétersbourg **17** (8. Reihe), Nr. 3 (1905), S. 1—31. Ferner: Sur les figures d'équilibre peu différentes des ellipsoides d'une masse liquide homogène ... Ière partie, Étude générale du problème (1906), IIième partie, Figures d'équilibre dérivées des ellipsoides de Maclaurin (1909); IIIième partie, Figures d'équilibre dérivées des ellipsoides de Jacobi (1912) ebenda.

Es sei darauf hingewiesen, daß die (in russischer Sprache abgefaßte) Liapounoffsche Dissertation, in der ebenfalls nur eine erste Näherung angestrebt wurde, noch vor der Poincaréschen Abhandlung veröffentlicht wurde. (Eine französische Übersetzung erschien 1904 in den Annales de Toulouse.)

figur nur in einer ersten Näherung darstellt. Dieser Umstand bildete bereits die Grundlage für die in der Fußnote [8]) angeführten Untersuchungen von Herrn Lichtenstein über die Laplacesche Theorie des Erdmondes, über eine aus zwei getrennten Massen bestehende Gleichgewichtsfigur und über ringförmige Gleichgewichtsfiguren ohne Zentralkörper.

Die vorliegende Arbeit ist in Ausführung eines von Herrn Lichtenstein in seiner Vorlesung über „Kosmogonische Hypothesen" (Wintersemester 1928/29) entwickelten Programms aus der Beschäftigung mit dem Rocheschen Problem entstanden. Doch wurde die Fragestellung mehrfach modifiziert. In dem ersten Teil wird das Problem sinngemäß in die Ebene übertragen, um besonders die Verhältnisse an den singulären Stellen übersichtlicher zu gestalten. Freilich hat hier selbst die Heranziehung der Glieder zweiter Ordnung in diesem einfacheren Falle die Verzweigungsfrage noch nicht restlos zu beantworten vermocht. Als völlig erledigt kann hier wie im räumlichen Fall neben dem Existenzbeweis der regulären Figuren und derjenigen, die dem Maximum der Winkelgeschwindigkeit entspricht, die Existenz der beiden linearen Reihen von Gleichgewichtsfiguren nur bis zu der Figur gelten, bei der nach Schwarzschild die Instabilität beginnt. Zwischen den weiteren singulären Stellen schließen sich die regulären Figuren „streckenweise" zu linearen Reihen zusammen. Der zweite Teil ist dem räumlichen Fall, dem eigentlichen Rocheschen Problem, gewidmet und enthält analoge Ergebnisse. In dem dritten Teil endlich tritt an Stelle des Rocheschen Satelliten ein ringförmiger Flüssigkeitskörper von nahezu elliptischem Querschnitt. Es wird zunächst durch Näherungsrechnungen die Winkelgeschwindigkeit und das Achsenverhältnis der Ausgangsfigur, eines Ringkörpers von genau elliptischem Querschnitt, so bestimmt, daß dieser bei Vorhandensein der als punktförmig angenommenen Zentralmasse näherungsweise eine Gleichgewichtsfigur darstellt. Wir setzen dabei das Verhältnis der großen Halbachse (die wie im Rocheschen Fall auf den Zentralkörper hin gerichtet ist) des elliptischen Querschnittes zu dem Abstand von der Zentralmasse als klein voraus. Der Übergang zu der effektiven Gleichgewichtsfigur erfolgt wie in den beiden früheren Teilen. Die Ausführungen dieses letzten Teiles lehnen sich naturgemäß sehr eng an die Untersuchungen von Herrn Lichtenstein über ringförmige Gleichgewichtsfiguren ohne Zentralkörper [4]) an. Die Ergebnisse sind den bereits genannten des ersten und zweiten Teiles völlig analog. Insbesondere mußte auch hier die Verzweigungsfrage noch unbeantwortet bleiben. Einer eingehenderen

---

[4]) Man findet die wichtigste Literatur über ringförmige Gleichgewichtsfiguren (Laplace, Frau Kowalewski, Poincaré) in der Einleitung und insbesondere in den Fußnoten [2]) und [3]) der betreffenden Abhandlung von Herrn Lichtenstein loc. cit. [8]) III. Abh., S. 83—85 zusammengestellt.

Diskussion der Verzweigungsfrage, den noch unberücksichtigt gelassenen Stabilitätsbetrachtungen und einer sich im ersten und dritten Teil darbietenden, naheliegenden hydrodynamischen Ausdeutung[5]) sollen spätere Untersuchungen gewidmet sein. Weitere verwandte Problemstellungen ergeben sich, wenn man die punktförmige Zentralmasse durch eine Flüssigkeitsmasse von der Gestalt einer Kugel, eines Maclaurinschen Ellipsoides oder eines Ringkörpers mit kreisförmigem Querschnitt ersetzt.

Erster Teil.

Das ebene Problem.

§ 1.

Problemstellung.

Den Betrachtungen in der Ebene legen wir zwei rechtwinklige Koordinatensysteme (x_0, y_0) und (x, y) zugrunde, die durch die Beziehungen

$$x_0 = x + L, \qquad y_0 = y, \qquad (L > 0) \tag{1.1}$$

miteinander verknüpft sind. Der Ursprung des zweiten Systems (x, y) sei zugleich der Mittelpunkt einer Ellipsenfläche T, deren Berandung S durch die Gleichung

$$\frac{X^2}{R_1^2} + \frac{Y^2}{R_2^2} = 1 \qquad (R_1 > 0,\ R_2 > 0) \tag{1.2}$$

gegeben werde. Dann erhält man für die Richtungskosinus a, b der im Punkte $P = (X, Y)$ auf S errichteten Außennormale (ν) die Werte

$$a = \frac{Xp}{R_1^2}, \qquad b = \frac{Yp}{R_2^2}, \tag{1.3}$$

wobei

$$p = \left[\frac{X^2}{R_1^4} + \frac{Y^2}{R_2^4}\right]^{-\frac{1}{2}} \tag{1.4}$$

den Abstand der Tangente in P an S vom Mittelpunkte der Ellipse bedeutet.

Es möge jetzt S_1 eine geschlossene Kurve mit stetiger Normale in einer (hinreichend nahen) Nachbarschaft erster Ordnung[6]) von S bezeichnen,

---

[5]) Vgl. ähnliche hydrodynamische Fragestellungen in dem Buch von Herrn Lichtenstein, Grundlehren der Hydromechanik, Berlin 1929, S. 443 u. S. 450 ff.

[6]) Das soll folgendes bedeuten: S_1 läßt sich auf S derart umkehrbar eindeutig und stetig (topologisch) abbilden, daß nach Vorgabe einer hinreichend kleinen Zahl $\varepsilon > 0$ sowohl der Abstand zugeordneter Kurvenpunkte als auch der von den (in diesen Punkten an die jeweilige Kurve errichteten) Normalen eingeschlossene Winkel absolut genommen unterhalb ε zu liegen kommt.

so daß die Normale (ν) einen einzigen Durchstoßpunkt $P_1 = (X_1, Y_1)$ auf S_1 bestimmt. Die (nach außen hin positiv zu zählende) Strecke $\overrightarrow{PP_1}$ werde mit $p\zeta$ bezeichnet. Dann gilt

$$(1.5)\quad X_1 = X + a p \zeta = X\left(1 + \frac{p^2}{R_1^2}\zeta\right), \qquad Y_1 = Y + b p \zeta = Y\left(1 + \frac{p^2}{R_2^2}\zeta\right).$$

Wird die Lage der Punkte auf S überdies auf einen Parameter ξ bezogen, so läßt sich für hinreichend kleine Werte von $|\zeta|$, etwa

$$(1.6)\qquad |\zeta| < \varepsilon^*,$$

die Lage der Punkte auf S_1 eindeutig durch das System (ξ, ζ) charakterisieren. Wir können die Funktion $\zeta = \zeta(\xi)$ mit stetiger erster Ableitung begabt voraussetzen. Im vorliegenden Falle erweist es sich als zweckmäßig, für den Parameter ξ die exzentrische Anomalie ψ einzuführen. Wegen

$$(1.7)\qquad X = R_1 \cos\psi, \qquad Y = R_2 \sin\psi, \qquad 0 \leqq \psi < 2\pi$$

treten an die Stelle der Beziehungen (1.3), (1.4), (1.5) jetzt die folgenden

$$(1.8)\qquad a = \frac{p}{R_1}\cos\psi, \qquad b = \frac{p}{R_2}\sin\psi,$$

$$(1.9)\qquad \frac{R_1^2 R_2^2}{p^2} = R_2^2 \cos^2\psi + R_1^2 \sin^2\psi,$$

$$(1.10)\qquad X_1 = R_1\left(1 + \frac{p^2}{R_1^2}\zeta\right)\cos\psi, \qquad Y_1 = R_2\left(1 + \frac{p^2}{R_2^2}\zeta\right)\sin\psi.$$

Wir denken uns nunmehr in dem Ursprung des Systems (x_0, y_0) die punktförmige Masse M fixiert und das von S_1 begrenzte Gebiet T_1 mit homogener, gravitierender (dem Anziehungsgesetz des logarithmischen Potentials unterworfener), inkompressibler, reibungsloser Flüssigkeitsmasse der Dichte f belegt. Das aus M und T_1 bestehende System rotiere mit der Winkelgeschwindigkeit ω_1 gleichförmig und wie eine starre Konfiguration um das Attraktionszentrum M.

Unsere Aufgabe besteht nun in der Bestimmung solcher geschlossener Kurven S_1 in einer Nachbarschaft erster Ordnung der Ellipse S für geeignete Werte des Achsenverhältnisses $R_1 : R_2$ und der Winkelgeschwindigkeit ω_1, für welche sich das System M, T_1 im relativen Gleichgewicht befindet.

Die auf T_1 einwirkenden Kräfte sind Eigengravitation, Zentrifugalkräfte und Attraktion der Zentralmasse M. Wird unter $\varkappa$ die Gravitationskonstante, unter $\varkappa f V_1(x, y)$ das logarithmische Potential von T_1, unter $\varkappa f V(x, y)$ dasjenige der entsprechend belegten Ellipsenfläche T und endlich unter $\varkappa f G(x, y)$ das von der Anziehung der Zentralmasse M herrührende logarithmische Potential jeweils im Punkte x, y verstanden, so lautet die notwendige und hinreichende Bedingung für das relative Gleichgewicht in dem Punkte $P_1 = (X_1, Y_1)$ auf S_1

$$(1.11)\quad V_1(X_1, Y_1) + \frac{\omega_1^2}{2\varkappa f}[(L + X_1)^2 + Y_1^2] + G(X_1, Y_1) = s_1 \quad (s_1 \text{ konstant}).$$

Schließlich sei noch bemerkt, daß wir im folgenden das logarithmische Potential in der Form $\varkappa M \log \frac{L}{r}$ $(r^2 = (x' - x)^2 + (y' - y)^2)$ ansetzen wollen.

§ 2.

Vorbereitende Betrachtungen.

Die von Herrn Lichtenstein [7]) entwickelte Methode zur Bestimmung neuer Gleichgewichtsfiguren nimmt im allgemeinen ihren Ausgang von einer bereits bekannten Gleichgewichtsfigur; doch erstreckt sich ihre Anwendbarkeit auch noch auf den Fall, daß die zugrunde gelegte Figur eine Gleichgewichtsfigur nur in einer ersten Annäherung darstellt [8]). Das vorliegende Problem ist, wie wir sogleich sehen werden, dieser zweiten Art zuzurechnen.

Dies zu prüfen, machen wir den Ansatz

$$(2.1)\quad V(X, Y) + \frac{\omega^2}{2\varkappa f}[(L + X)^2 + Y^2] + G(X, Y) = s_0 + \Psi(X, Y),$$
$$(s_0 \text{ konstant}),$$

wobei ω den Wert der Winkelgeschwindigkeit bezeichnet, den wir in Analogie zu den Ausführungen in § 1 der angenäherten Gleichgewichtsfigur T zuordnen, und unter $\Psi(X, Y)$ eine geeignete Korrektionsfunktion verstanden, die im Falle relativen Gleichgewichts verschwindet. Wir werden dann zeigen, daß sich Winkelgeschwindigkeit und Achsenverhältnis derart bestimmen lassen, daß $|\Psi(X, Y)|$ mit dem Parameter $h = \frac{R_1}{L}$ beliebig klein ausfällt.

Das logarithmische Potential der homogen mit Masse der Dichte 1 belegten Ellipsenfläche T ist in bekannter Weise auf dem Rande von der Form

$$(2.2)\qquad V(X, Y) = D - AX^2 - BY^2,$$

[7]) Vgl. L. Lichtenstein, Untersuchungen über die Gleichgewichtsfiguren rotierender Flüssigkeiten, deren Teilchen einander nach dem Newtonschen Gesetze anziehen. I. Abhandlung. Allgemeine Existenzsätze. Math. Zeitschr. **1** (1918), S. 229—284; **3** (1919), S. 172—174. II. Abhandlung. Stabilitätsfragen. Ebenda **7** (1920), S. 126—231.

[8]) Vgl. L. Lichtenstein, Untersuchungen über die Gestalt der Himmelskörper. I. Abh. Die Laplacesche Theorie des Erdmondes. Math. Zeitschr. **10** (1921), S. 130—159. II. Abh. Eine aus zwei getrennten Massen bestehende Gleichgewichtsfigur rotierender Flüssigkeiten. Ebenda **12** (1922), S. 201—218. III. Abh. Ringförmige Gleichgewichtsfiguren ohne Zentralkörper. Ebenda **13** (1922), S. 82—118.

und die positiven Konstanten A, B, D haben die Werte

$$(2.3)\quad A = \pi\frac{1-r}{2}, \qquad B = \pi\frac{1+r}{2}, \qquad D = \pi R_1 R_2\left(\frac{1}{2} + \log\frac{L(1+r)}{R_1}\right),$$
$$\left(r = \frac{R_1 - R_2}{R_1 + R_2}\right).$$

Eliminieren wir Y^2 gemäß (1.2), so erhalten wir nach einer leichten Rechnung

$$(2.4)\qquad V(X, Y) = D - B R_2^2 + \left(B\frac{R_2^2}{R_1^2} - A\right) X^2$$
$$= \pi R_1 R_2\left[\frac{r}{2} + \log\frac{L}{R_1}(1+r)\right] - \pi r\frac{1-r}{1+r} X^2.$$

Das von der Anziehung der Zentralmasse herrührende Potential $G(X, Y)$ gestattet eine Entwicklung in eine für hinreichend kleine Werte von h, etwa

$$(2.5)\qquad h \leqq h^*,$$

absolut und gleichmäßig konvergente Reihe

$$(2.6)\qquad G(X, Y) = \frac{M}{f}\log\frac{L}{[(L+X)^2 + Y^2]^{\frac{1}{2}}}$$
$$= -\frac{M}{2fL^2}\Big[2XL + Y^2 - X^2 + h\frac{2X}{3R_1}(X^2 - 3Y^2)$$
$$+ h^2\frac{1}{2R_1^2}(6X^2Y^2 - X^4 - Y^4) + O(h^3)\Big] = \mathfrak{G} + h\hat{\mathfrak{G}},$$

mit

$$(2.7)\qquad \mathfrak{G}(X, Y) = -\frac{M}{2fL^2}[2XL + Y^2 - X^2],$$

$$(2.8)\qquad h\hat{\mathfrak{G}}(X, Y)$$
$$= -h\frac{M}{2fL^2}\left[\frac{2X}{3R_1}(X^2 - 3Y^2) + h\frac{1}{2R_1^2}(6X^2Y^2 - X^4 - Y^4) + O(h^2)\right].$$

Eine leichte Umformung gemäß (1.2) liefert

$$(2.9)\qquad \mathfrak{G}(X, Y) = -\frac{M}{2fL^2}\left[R_2^2 + 2XL - 2\frac{1+r^2}{(1+r)^2}X^2\right].$$

In ähnlicher Weise findet man

$$(2.10)\quad \frac{\omega^2}{2\varkappa f}[(L + X^2) + Y^2] = \frac{\omega^2}{2\varkappa f}\left[L^2 + R_2^2 + 2XL + \frac{4r}{(1+r)^2}X^2\right].$$

Treffen wir nun der Reihe nach über Winkelgeschwindigkeit, Achsenverhältnis der Ellipse S und die Konstante s_0 die folgenden Festsetzungen [9])

[9]) Sie ergeben sich formal durch Koeffizientenvergleich in (2.1).

$$(2.11)\qquad \frac{\omega^2}{\varkappa f} = \frac{M}{f L^2},$$

$$(2.12)\qquad \frac{\omega^2}{\pi \varkappa f} = r\frac{1-r}{1+r},$$

$$(2.13)\qquad s_0 = \pi R_1 R_2 \left[\frac{r}{2} + \log\frac{L}{R_1}(1+r)\right] + \pi\frac{r}{2}\frac{1-r}{1+r}L^2,$$

so folgt, wie man sich leicht durch Einsetzen der Ausdrücke (2.4), (2.6), (2.9) und (2.10) in die Gleichung (2.1) überzeugt, in der Tat

$$(2.14)\qquad \Psi(X, Y) = h\,\hat{\mathfrak{G}}(X, Y).$$

Dies besagt aber gerade, daß S (für kleine Werte von h) eine angenäherte Gleichgewichtsfigur darstellt, sofern sich die Bedingungen (2.11), (2.12), (2.13) realisieren lassen. Die Gleichung (2.11) gibt die „Keplersche“ Winkelgeschwindigkeit für den zweidimensionalen Fall.

Wegen (2.14) kann man für (2.1) jetzt auch schreiben

$$(2.15)\qquad V(X, Y) + \frac{\omega^2}{2\varkappa f}[(L+X)^2 + Y^2] + \mathfrak{G}(X, Y) = s_0.$$

Läßt man also das Zusatzfeld $\varkappa f h \hat{\mathfrak{G}}$ außer acht und nur das Außenfeld $\varkappa f \mathfrak{G}$ an Stelle von $\varkappa f G$ einwirken, so hat man es offenbar mit einer effektiven Gleichgewichtsfigur zu tun. Für unendlich kleine Ellipsen ($h = 0$) werden die Gleichungen (2.1) und (2.15) miteinander identisch.

Wir schreiten jetzt zur Diskussion der Annahme (2.12). Diese Formel liefert uns zur Bestimmung des Achsenverhältnisses r als Funktion der Winkelgeschwindigkeit die in r quadratische Gleichung

$$(2.16)\qquad r^2 + r(\Omega - 1) + \Omega = 0, \qquad \left(\Omega = \frac{\omega^2}{\pi\varkappa f}\right).$$

Ihre Wurzeln fallen nur für $\Omega \geqq 3 + 2\sqrt{2} = 5{,}828\ldots$ und $\Omega \leqq 3 - 2\sqrt{2} = 0{,}171\ldots$ reell aus, zugleich positiv aber nur für $0 \leqq \Omega \leqq 3 - 2\sqrt{2}$. Hier gilt dann $0 \leqq r \leqq 1$. Zu einem gegebenen Wert der Winkelgeschwindigkeit (und damit der Entfernung der Ellipse S vom Attraktionszentrum M), der nur der Bedingung $0 \leqq \Omega \leqq 3 - 2\sqrt{2}$ bzw. $0 \leqq \omega \leqq \left|\sqrt{\pi\varkappa f(3 - 2\sqrt{2})}\right|$ unterworfen ist, gehören demnach stets zwei positive reelle Werte $\overset{+}{r}$ und $\overline{r}$; insbesondere zu $\Omega = 0$ die Werte $\overline{r} = 0$ (Entartung der Ellipse in einen Kreis) und $\overset{+}{r} = 1$ (Entartung in eine Strecke) bei der „Entfernung $L = \infty$“ von der Zentralmasse M oder in beliebiger Entfernung für $M = 0$; dem Wert $\Omega = \mathring{\Omega} = 3 - 2\sqrt{2}$ entspricht die Doppelwurzel $\overline{r} = \overset{+}{r} = \mathring{r} = \sqrt{2} - 1 = 0{,}4142\ldots$ für den Minimalabstand $\mathring{L} = \sqrt{\frac{M}{\pi f}(3 + 2\sqrt{2})}$ bei festgehaltener Zentralmasse, bzw. für die maximale Zentralmasse $\mathring{M} = (3 - 2\sqrt{2})\pi f L^2$ bei fester Entfernung L. Die durch $r = \mathring{r}$ definierte Ellipse heiße $\mathring{S}$.

Indem wir jetzt die Zentralmasse als unveränderlich vorgegeben ansehen, gelangen wir zu folgendem Resultat:

Bei sehr großem Abstand L von der Zentralmasse M besitzt S nahezu die Gestalt eines Kreises, S ist als zweidimensionales Analogon zu dem Laplaceschen Mondkörper[10]) *aufzufassen. Läßt man jetzt die Entfernung L kleiner und kleiner werden, wächst also die Winkelgeschwindigkeit immer mehr und mehr, so nimmt die Ellipse in Richtung auf das Attraktionszentrum hin eine mehr und mehr gestreckte Form an. Das geht so lange, bis die Entfernung L ihr Minimum* $\mathring{L}$ *erreicht hat. Die Gesamtheit der derart durch* $\bar{r}$ *definierten Ellipsen bildet eine lineare Reihe*[11]) *angenäherter Gleichgewichtsfiguren. Zu einer weiteren linearen Reihe gelangen wir, wenn wir, von* $\mathring{S}$ *ausgehend, die durch* $\overset{+}{r}$ *charakterisierten Ellipsen für wachsendes L verfolgen. Hierbei nimmt die Winkelgeschwindigkeit jetzt ständig ab. Für große Werte von L nehmen die Ellipsen nunmehr nahezu die Gestalt einer Strecke an.*

Die beiden durch $\bar{r}$ *und* $\overset{+}{r}$ *definierten linearen Reihen angenäherter Gleichgewichtsfiguren hängen in der durch* $\bar{r} = \overset{+}{r} = \mathring{r}$ *ausgezeichneten Ellipse* $\mathring{S}$ *zusammen.*

§ 3.

Aufstellung der fundamentalen Integro-Differentialgleichung.

Unter Verwendung der Beziehungen (2.1) und (2.14) erhält (1.11) die Gestalt

$$(3.1)\quad V_1(X_1, Y_1) - V(X, Y) + \frac{\omega_1^2}{2\varkappa f}[(L+X_1)^2 + Y_1^2] - \frac{\omega^2}{2\varkappa f}[(L+X)^2 + Y^2] + G(X_1, Y_1) - G(X, Y) = s_1 - s_0 - h\,\mathfrak{G}(X, Y).$$

Nachdem nun in § 2 gezeigt worden ist, daß unter geeigneten Annahmen ((2.11), (2.12), (2.13), (2.5)) die Ellipse S tatsächlich näherungsweise eine Gleichgewichtsfigur darstellt, können wir uns für das weitere der in loc. cit. [7]) entwickelten Methode bedienen[12]). Sie liefert für das Potential

---

[10]) Ein exakter Existenzbeweis dieser Figur wird in loc. cit. [8]) I. Abhandlung gegeben. Weitere Untersuchungen, die sich mit diesem Problem beschäftigen, finden sich in der Note von E. Hölder, Beiträge zur mathematischen Theorie der Gestalt des Erdmondes. Berichte über die Verhandlungen der Sächs. Akad. der Wissenschaften, Math.-phys. Klasse, **78** (1926), Heft II, S. 73–88.

[11]) Allgemein wird unter einer linearen Reihe von Gleichgewichtsfiguren eine von einem oder mehreren Parametern abhängige stetige Schar von Gleichgewichtsfiguren verstanden. Wie bereits oben bemerkt, haben wir es für $h = 0$ mit linearen Reihen effektiver Gleichgewichtsfiguren zu tun.

[12]) Man vergleiche hierzu § 9, Anhang. Es kommen hier vor allem die Betrachtungen und Ergebnisse aus loc. cit. [7]) II. Abh., S. 140 ff. in Betracht.

$V_1(X_1, Y_1)$ eine Darstellung in Form einer für hinreichend kleine Werte von $|\zeta|$, $\left|\frac{d\zeta}{d\psi}\right|$, etwa

$$(3.2)\qquad |\zeta|,\ \left|\frac{d\zeta}{d\psi}\right| < \varepsilon \leqq \varepsilon^*,$$

absolut und gleichmäßig konvergenten Reihe

$$(3.3)\qquad V_1(X_1, Y_1) - V(X, Y) = U^{(1)} + U^{(2)} + \cdots,$$

in welcher die $U^{(n)}$ gewisse Integralausdrücke über Formen n-ten Grades in ζ, ζ', $\frac{d\zeta'}{d\psi'}$ bedeuten. Speziell ist

$$(3.4)\qquad U^{(1)} = p\zeta \frac{\partial}{\partial \nu} V(X, Y) + \int_S p'\zeta' \log \frac{L}{\varrho}\, d\sigma',$$

wenn

$$(3.5)\qquad \varrho = [(X' - X)^2 + (Y' - Y)^2]^{\frac{1}{2}}$$

den Abstand der beiden auf S gelegenen Punkte P und P',

$$(3.6)\qquad d\sigma' = \frac{R_1 R_2}{p'}\, d\psi'$$

das zu P' gehörige Bogenelement auf S bezeichnet.

Den Ausdruck (3.4) unterwerfen wir noch einigen leichten Umformungen. Zunächst finden wir auf Grund der Formeln (2.2), (2.11), (2.12), (1.4) und (1.7)

$$(3.7)\qquad \begin{aligned} \frac{\partial V}{\partial \nu} &= -2B\frac{R_2^2}{p} - 2\pi r \frac{1-r}{1+r} p \cos^2\psi \\ &= -\pi R_1 R_2 \frac{1-r}{p} - 2\pi r \frac{1-r}{1+r} p \cos^2\psi. \end{aligned}$$

Setzen wir ferner zur Abkürzung

$$(3.8)\qquad \Theta^* = R_1 R_2 \int_0^{2\pi} \zeta'\, d\psi'$$

und berücksichtigen, daß

$$(3.9)\qquad \log\frac{L}{\varrho} = \log\frac{R_1}{\varrho(1+r)} + \log\frac{L}{R_1}(1+r)$$

gilt, so wird

$$(3.10)\qquad \int_S p'\zeta' \log\frac{L}{\varrho}\, d\sigma' = R_1 R_2 \int_0^{2\pi} \zeta' \log\frac{R_1}{\varrho(1+r)}\, d\psi' + \Theta^* \log\frac{L}{R_1}(1+r)$$

und demzufolge

$$(3.11)\qquad \begin{aligned} U^{(1)} = {} & -\pi R_1 R_2 (1-r)\zeta - 2\pi r \frac{1-r}{1+r} p^2 \zeta \cos^2\psi \\ & + \Theta^* \log\frac{L}{R_1}(1+r) + R_1 R_2 \int_0^{2\pi} \zeta' \log\frac{R_1}{\varrho(1+r)}\, d\psi'. \end{aligned}$$

Nach Einführung des kleinen Parameters λ vermöge

$$(3.12)\qquad \frac{\omega_1^2-\omega^2}{2\varkappa f}=\frac{\pi R_2}{2L}\lambda,\qquad |\lambda|\leqq h\ ^{13)}$$

können wir den zweiten Differenzenausdruck aus (3.1) auf die Form

$$(3.13)\quad \frac{\omega_1^2}{2\varkappa f}[(L+X_1)^2+Y_1^2]-\frac{\omega^2}{2\varkappa f}[(L+X)^2+Y^2]$$

$$=\frac{\pi R_2}{2L}\lambda\left(L^2+R_2^2+2XL+\frac{4r}{(1+r)^2}X^2\right)$$

$$+\left(\frac{\pi r}{2}\frac{1-r}{1+r}+\frac{\pi R_2}{2L}\lambda\right)\left(2L\frac{p^2}{R_1}\zeta\cos\psi+2p^2\zeta+p^2\zeta^2\right)$$

$$=\frac{\pi R_2}{2L}\lambda\left(L^2+\frac{R_1^2+R_2^2}{2}\right)+\pi R_1R_2\lambda\cos\psi$$

$$+\pi R_1R_2\lambda h\frac{r}{(1+r)^2}\cos 2\psi+\frac{\pi r}{2}\frac{1-r}{1+r}(2Lap\zeta+2p^2\zeta+p^2\zeta^2)$$

$$+\pi\frac{1-r}{1+r}p^2\zeta\lambda\cos\psi+\frac{\pi}{2}\frac{1-r}{1+r}p^2\zeta\lambda h(2+\zeta)$$

bringen.

Für hinreichend kleine Werte von h, etwa

$$(3.14)\qquad h\leqq h_*\leqq h^*,$$

ergibt sich eine zu (2.6) völlig analoge Entwicklung

$$(3.15)\qquad G(X_1,Y_1)=\mathfrak{G}(X_1,Y_1)+h\hat{\mathfrak{G}}(X_1,Y_1).$$

Insbesondere wird

$$(3.16)\quad \mathfrak{G}(X_1,Y_1)-\mathfrak{G}(X,Y)=-\frac{\pi r}{2}\frac{1-r}{1+r}[2Lap\zeta+2p^2\zeta+p^2\zeta^2]$$

$$+2\pi r\frac{1-r}{1+r}p^2\zeta\cos^2\psi+\pi r\frac{1-r}{1+r}\frac{p^4\zeta^2}{R_1^2}\cos^2\psi.$$

Durch Einsetzen der Ausdrücke (3.3), (3.11), (3.13), (3.15) und (3.16) in die grundlegende Beziehung (3.1) findet man, wie man sich

[13]) Diese Annahme wird durch die folgende Betrachtung nahe gelegt. In der Beziehung (3. 12) stellt sich $h\lambda$ als kleine Änderung des Quadrates der Winkelgeschwindigkeit dar. Aus (2. 11) folgt aber für die Änderung $\delta\Omega$ des Ausdruckes $\Omega=\dfrac{M}{\pi f L^2}$ bei einer Verschiebung des Ellipsenmittelpunktes um δL in einer ersten Annäherung $\delta\Omega=-\dfrac{2}{L}\Omega\,\delta L$, so daß sich also auch λ, nicht nur $h\lambda$, selbst noch als klein ergibt. Der obigen Festsetzung entspricht eine Verschiebung um $\delta L=-\dfrac{R_2\lambda}{2\Omega}$.

leicht überzeugt,

$$(3.17)\quad -\pi R_1 R_2 (1-r)\zeta + \Theta^* \log\frac{L}{R_1}(1+r) + R_1 R_2 \int_0^{2\pi} \zeta' \log\frac{R_1}{\varrho(1+r)}\,d\psi'$$

$$+U^{(2)} + U^{(3)} + \dots + \frac{\pi R_2}{2L}\lambda\left(L^2 + \frac{R_1^2+R_2^2}{2}\right) + \pi R_1 R_2 \lambda \cos\psi$$

$$+\pi R_1 R_2 \lambda h \frac{r}{(1+r)^2}\cos 2\psi + \pi\frac{1-r}{1+r}p^2\zeta\lambda\cos\psi + \frac{\pi}{2}\frac{1-r}{1+r}p^2\zeta\lambda h(2+\zeta)$$

$$+\pi r \frac{1-r}{1+r}\frac{p^4}{R_1^2}\zeta^2\cos^2\psi + h\,\hat{\mathfrak{G}}(X_1, Y_1) + s_0 - s_1 = 0.$$

Wir denken uns nun die Konstante s_1 gemäß der Relation

$$(3.18)\quad s_0 - s_1 + \Theta^* \log\frac{L}{R_1}(1+r) + \frac{\pi R_2}{2L}\lambda\left(L^2 + \frac{R_1^2+R_2^2}{2}\right) = \pi R_1 R_2 s$$

bestimmt, unter s ein kleiner auf S_1 konstanter Parameter verstanden, und setzen noch zur Abkürzung

$$(3.19)\quad \mathsf{P}(\zeta) = \frac{1-r}{1+r}\left[\frac{p^2}{R_1 R_2}\zeta\lambda\cos\psi + \frac{p^2}{2R_1 R_2}\zeta\lambda h(2+\zeta) + r\frac{p^4}{R_1^3 R_2}\zeta^2\cos^2\psi\right];$$

$$\mathsf{P}(0) = 0.$$

Schaffen wir nunmehr in (3.17) die in ζ linearen Glieder auf eine Seite, die Glieder von mindestens zweiter Ordnung bezüglich ζ und die mit den kleinen Parametern s, λ, h behafteten Terme auf die andere Seite, *so erhalten wir die fundamentale Gleichgewichtsbedingung in Gestalt einer (nicht linearen) Integro-Differentialgleichung zur Bestimmung der Funktion* $\zeta = \zeta(r; s, \lambda, h; \psi)$

$$(3.20)\quad (1-r)\zeta - \frac{1}{\pi}\int_0^{2\pi}\zeta'\log\frac{R_1}{\varrho(1+r)}\,d\psi' = s + \lambda\cos\psi + \lambda h\frac{r}{(1+r)^2}\cos 2\psi$$

$$+\mathsf{P}(\zeta) + \frac{1}{\pi R_1 R_2}\left[h\,\hat{\mathfrak{G}}(X, Y_1) + U^{(2)} + U^{(3)} + \dots\right].$$

Wir werden gelegentlich ihre rechte Seite zur Abkürzung mit $\Pi(\zeta)$, ausführlicher mit $\Pi(r; s, \lambda, h; \psi; \zeta)$ bezeichnen.

§ 4.

Die homogene Integralgleichung.

Wir betrachten zunächst die durch Nullsetzen der rechten Seite aus (3.20) hervorgehende homogene lineare Integralgleichung

$$(4.1)\quad \zeta - \frac{1}{\pi(1-r)}\int_0^{2\pi}\zeta'\log\frac{R_1}{\varrho(1+r)}\,d\psi' = 0 \qquad (0 < r < 1).$$

Sie hat, wie wir im folgenden zeigen werden, für jedes r in $(0, 1)$ mindestens eine (einer Drehung des Systems um M entsprechende) triviale Nullösung der Form

$$(4.2)\qquad u_1 = k_1 \sin\psi \quad (k_1 = k_1(r) \text{ auf } S \text{ konstant})$$

und außerdem für abzählbar unendlich viele Werte von $r = r_n$ $(n > 1)$ je genau eine weitere Nullösung der Form

$$(4.3)\qquad u_2 = u_2^{(n)} = k_2 \cos n\psi \quad (n > 1,\ k_2 \text{ auf } S \text{ konstant}).$$

Hat (4.1) nur die triviale Nullösung (4.2), so heiße der zu S gehörige Wert r regulär; anderenfalls wollen wir $r = r_n$ als singulären Wert bezeichnen.

Die gegenüber (4.1) durch den reellen Parameter l_n erweiterte homogene Integralgleichung

$$(4.4)\qquad v - l_n \int_0^{2\pi} v' \log \frac{R_1}{\varrho(1+r)}\, d\psi' = 0$$

definiert wegen

$$(4.5)\qquad \varrho^2 = (X' - X)^2 + (Y' - Y)^2 = \frac{4R_1^2}{(1+r)^2} \sin^2\frac{\vartheta}{2}\,[1 + r^2 - 2r\cos\tau]$$

$$(\vartheta = \psi' - \psi,\ \tau = \psi' + \psi)$$

die Nullösung

$$(4.6)\qquad v = \int_0^{2\pi} l_n v' \log \frac{1}{2\left|\sin\frac{\vartheta}{2}\right|}\, d\psi' + \int_0^{2\pi} l_n v' \log \frac{1}{\left|\sqrt{1 + r^2 - 2r\cos\tau}\right|}\, d\psi'$$

als Summe von zwei logarithmischen Linienpotentialen, des logarithmischen Potentials der mit Masse der Dichte $l_n v'$ belegten Einheitskreisperipherie im Peripheriepunkte $(1, \psi)$ und des entsprechenden Potentials im Punkte $(r, -\psi)$ im Innern des Einheitskreises. Bezeichnen wir das logarithmische Potential dieser Linienbelegung in einem beliebigen Punkte (d, ψ) mit $u(d, \psi)$ so lautet (4.6) nunmehr

$$(4.6')\qquad v = v(\psi) = u(1, \psi) + u(r, -\psi).$$

Unter Berücksichtigung der Entwicklung

$$(4.7)\qquad -\frac{1}{2}\log(1 + d^2 - 2d\cos\vartheta) = -\Re\{\log(1 - z)\} = \sum_{m=1}^{\infty} \frac{d^m}{m}\cos m\vartheta,$$

$$(z = d\,e^{i\vartheta},\ 0 \leqq d \leqq d^* < 1),$$

die in jedem zum Einheitskreise konzentrischen kleineren Kreise gleichmäßig konvergiert, ergibt gliedweise Integration

$$(4.8)\qquad u(d, \psi) = \int_0^{2\pi} l_n v(\psi') \log \frac{1}{\left|\sqrt{1 + d^2 - 2d\cos\vartheta}\right|}\, d\psi' = \sum_{m=1}^{\infty} \frac{d^m}{m} \int_0^{2\pi} l_n v(\psi') \cos m\vartheta\, d\psi'.$$

Auf der Peripherie des Einheitskreises nimmt die durch (4.8) im Innern dargestellte Potentialfunktion (4.8) gemäß (4.6′) augenscheinlich die Werte $u(1,\psi)=v(\psi)-u(r,-\psi)$ an. Diejenige im Innern des Einheitskreises reguläre Potentialfunktion, die auf der Peripherie gerade die angegebenen Werte annimmt, läßt sich andererseits aber im Innern in bekannter Weise in eine (etwa für $0\leqq d\leqq d_*\leqq d^*<1$) gleichmäßig konvergente Reihe der Form

$$u(d,\psi)=\frac{a_0}{2}+\sum_{n=1}^{\infty}d^n(a_n\cos n\psi+b_n\sin n\psi) \tag{4.9}$$

entwickeln. Wegen (4.6′) und (4.8) berechnen sich die Koeffizienten zu

$$\begin{aligned}a_n&=\frac{1}{\pi}\int_0^{2\pi}[v(\psi)-u(r,-\psi)]\cos n\psi\,d\psi\\&=\frac{1}{\pi}\int_0^{2\pi}v(\psi')\cos n\psi'\,d\psi'-\frac{1}{\pi}\sum_{m=1}^{\infty}\frac{r^m}{m}\int_0^{2\pi}l_n v(\psi')\int_0^{2\pi}\cos m\vartheta\cos n\psi\,d\psi\,d\psi'\\&=\left[\frac{1}{\pi}-l_n\frac{r^n}{n}\right]\int_0^{2\pi}v(\psi')\cos n\psi'\,d\psi',\\b_n&=\left[\frac{1}{\pi}+l_n\frac{r^n}{n}\right]\int_0^{2\pi}v(\psi')\sin n\psi'\,d\psi'.\end{aligned}\qquad(n>1) \tag{4.10}$$

Aus der Unität der Entwicklung im Innern des Einheitskreises folgt durch Koeffizientenvergleich nach (4.8) und (4.10)

$$1-\pi l_n\frac{1+r^n}{n}=0,\qquad 1-\pi l_n\frac{1-r^n}{n}=0\qquad(n>1).\text{[14]} \tag{4.11}$$

Die zu den gemäß

$$\int_0^{2\pi}v^2\,d\psi=1 \tag{4.12}$$

normierten Eigenfunktionen

$$v:\quad\frac{\cos\psi}{\sqrt{\pi}},\ \frac{\sin\psi}{\sqrt{\pi}};\ \ldots;\ \frac{\cos n\psi}{\sqrt{\pi}},\ \frac{\sin n\psi}{\sqrt{\pi}};\ \ldots \tag{4.13}$$

gehörigen einfachen Eigenwerte lauten demnach

$$l_n:\quad\frac{1}{\pi(1+r)},\ \frac{1}{\pi(1-r)};\ \ldots;\ \frac{n}{\pi(1+r^n)},\ \frac{n}{\pi(1-r^n)};\ \ldots\,. \tag{4.14}$$

---

[14]) Man vergleiche zu dem Vorstehenden die ganz ähnlichen Betrachtungen bei É. Picard, Sur un théorème général relativ aux équations intégrales de première espèce et sur quelques problèmes de physique mathématique, Rendiconti del circolo mat. di Palermo **29** (1910), S. 79–97, insbes. S. 93 ff.

Indem wir jetzt zu der speziellen, für $l_n = \frac{1}{\pi(1-r)}$ aus (4.4) hervorgehenden Integralgleichung (4.1) zurückkehren, erkennen wir, daß (4.1) dann und nur dann Nullösungen der Form (4.13) besitzt, wenn die Gleichungen

$$(4.15)\qquad 1 - r = \frac{1+r^n}{n},$$

$$(4.16)\qquad 1 - r = \frac{1-r^n}{n} \qquad (n = 1, 2, \ldots)$$

Lösungen in dem Intervall $(0, 1)$ besitzen.

Setzen wir

$$(4.17)\qquad f_n(r) \equiv r^n + nr - (n-1),$$

so gilt für $n > 1$

$$(4.18)\qquad f_n(0) = -(n-1) < 0, \quad f_n(1) = 2 > 0,$$
$$f_n'(r) = nr^{n-1} + n > 0 \text{ in } \langle 0, 1\rangle,$$

und darum hat (4.15) eine einzige Wurzel r_n in $\langle 0, 1\rangle$.

Aus der Ungleichheit

$$(4.19)\qquad f_{n+1}(r_n) = r_n^{n+1} + (n+1)r_n - n = r_n^{n+1} + nr_n - (n-1) + r_n - 1$$
$$< r_n^n + nr_n - (n-1) = f_n(r_n) = 0$$

zusammen mit (4.18) folgt

$$(4.20)\qquad r_2 < r_3 < \ldots < r_n < r_{n+1} < \ldots \qquad (n > 2).$$

Wird endlich (4.15) in der Form

$$(4.21)\qquad r = 1 - \frac{1+r^n}{n}$$

angeschrieben, so erkennt man unmittelbar das Bestehen der Ungleichheiten

$$(4.22)\qquad 1 - \frac{2}{n} < r_n < 1 - \frac{1}{n}.$$

Für den speziellen Wert $n = 2$ liefert (4.15) das uns aus § 2 her bekannte, zu der Figur $\mathring{S}$ gehörige Achsenverhältnis

$$(4.23)\qquad r_2 = \mathring{r} = \sqrt{2} - 1.$$

Im Fall $n = 1$ schließlich ergibt sich $r = 0$ als einzige Lösung, die Ellipse ist in einen Kreis entartet. Andererseits stellt sich die Entartung in eine Strecke als Grenzfall für $n \to \infty$, $\lim_{n\to\infty} r_n = 1$ dar.

Die Gleichung (4.16) mit $n = 1$ ist für alle r in $\langle 0, 1\rangle$ identisch erfüllt. Bringen wir sie in die Form

$$(4.24)\qquad n = \frac{1-r^n}{1-r} = 1 + r + r^2 + \ldots + r^{n-1},$$

so sehen wir sofort, daß für $n > 1$ keine Wurzel in $(0, 1)$ enthalten ist.

Wir fassen zusammen:

Die homogene Integralgleichung (4.1) *besitzt überall in* $0 < r < 1$ *die triviale Nullösung* $u_1 = \frac{\sin\psi}{\pi\sqrt{1-r}}$.[15]) *Für die abzählbar unendlich vielen sich gegen* $r = 1$ *häufenden singulären Werte* r_n, *die alle der Reihe „stärker abgeplatteter“ Ellipsen angehören, gibt es je noch eine nichttriviale Nullösung* $u_2 = \frac{\cos n\psi}{\pi\sqrt{1-r}}$.[15])

Schließlich sei noch auf den Zusammenhang der vorliegenden Betrachtungen mit den Laméschen Funktionen hingewiesen. Herr B. Globa-Mikhaïlenko hat anläßlich ähnlicher Fragestellungen (insbesondere bei Betrachtung der Gleichgewichtsfiguren, die von unendlich langen Zylindern mit elliptischem Querschnitt ohne Außenfeld gebildet werden[16])) die Laméschen Funktionen in die Ebene übertragen[17]). Man überzeugt sich ohne viel Mühe, daß sich mit ihrer Hilfe und auf einem dem oben beschriebenen ganz ähnlichen Wege (wobei jetzt für die trigonometrischen Entwicklungen solche nach Laméschen Produkten eintreten) dieselben Ergebnisse, insbesondere die Eigenwerte (4.14) und die Gleichungen (4.15), (4.16), ergeben. Unsere Eigenfunktionen hängen in der einfachsten Weise mit gewissen Laméschen Funktionen zusammen. Im räumlichen Fall werden wir von der Einführung Laméscher Funktionen wesentlichen Gebrauch machen.

§ 5.

Auflösung der fundamentalen Integro-Differentialgleichung.

Der von den räumlichen Problemen ähnlicher Art her bekannte Existenzbeweis durch sukzessive Approximationen und unter Anwendung der Kernzerspaltung von Herrn E. Schmidt[18]) läßt sich ohne neue Schwierigkeiten auf das vorliegende ebene Problem übertragen. Wir werden daher nur so weit darauf eingehen, als es für die folgenden Betrachtungen von besonderer Wichtigkeit ist.

Wir setzen

$$(5.1)\quad N(\psi,\psi') = \log\frac{R_1}{\varrho(1+r)} - (1-r)\sin\psi\sin\psi' \quad \text{für reguläres } r,$$

$$(5.2)\quad N_n(\psi,\psi') = \log\frac{R_1}{\varrho(1+r)} - (1-r)\left[\sin\psi\sin\psi' + \cos n\psi\cos n\psi'\right] \text{ für } r = r_n$$

---

[15]) Die linear unabhängigen Eigenfunktionen u_j von (4.1) setzen wir gemäß $\pi(1-r)\int\limits_0^{2\pi} u_j^2\,d\psi = 1$ normiert voraus.

[16]) Also dem Analogon der Jacobischen Ellipsoide in der Ebene.

[17]) B. Globa-Mikhaïlenko, Sur quelques nouvelles figures d'équilibre d'une masse fluide en rotation (Thèse), Journal de Mathématiques, 7e série, Vol. II, fasc. 1.

[18]) Vgl. die unter [7]) und [8]) angeführten Abhandlungen von Herrn Lichtenstein.

und weiterhin zur Abkürzung

$$(5.3)\qquad w = \frac{1}{\pi}\int_0^{2\pi} \zeta' \cos n\psi'\, d\psi',$$

$$(5.4)\qquad \hat{w} = \frac{1}{\pi}\int_0^{2\pi} \zeta' \sin \psi'\, d\psi'.$$

Es bedeuten demnach w, $\hat{w}$ kleine, vorläufig noch unbekannte Konstanten. Da S bezüglich der Geraden $y = 0$ symmetrisch und $G(X_1, -Y_1) = G(X_1, Y_1)$ ist, gilt insbesondere $\hat{w} = 0$.

Jetzt geht die Integro-Differentialgleichung (3.20) über in

$$(5.5)\qquad (1-r)\zeta - \frac{1}{\pi}\int_0^{2\pi} \zeta' N(\psi, \psi')\, d\psi' = \Pi(\zeta) \quad \text{für reguläres } r,$$

$$(5.6)\qquad (1-r)\zeta - \frac{1}{\pi}\int_0^{2\pi} \zeta' N_n(\psi, \psi')\, d\psi' = \Pi(\zeta) + (1-r)\, w \cos n\psi \quad \text{für } r = r_n.$$

Setzen wir endlich noch

$$(5.7)\qquad \begin{aligned} \hat{N}(\psi, \psi') &= \begin{cases} N & \text{für reguläres } r, \\ N_n & \text{für } r = r_n, \end{cases} \\ \hat{\Pi}(\zeta) &= \begin{cases} \Pi(\zeta) & \text{für reguläres } r, \\ \Pi(\zeta) + (1-r)\, w \cos n\psi & \text{für } r = r_n, \end{cases} \end{aligned}$$

so können wir die beiden Beziehungen (5.5) und (5.6) in die eine für alle r gültige

$$(5.8)\qquad (1-r)\zeta - \frac{1}{\pi}\int_0^{2\pi} \zeta' \hat{N}(\psi, \psi')\, d\psi' = \hat{\Pi}(\zeta) = \hat{\Pi}(r; \lambda, w, h, s; \psi, \zeta)$$

zusammenziehen, worin freilich für reguläre r stets $w = 0$ zu setzen ist. In jedem Fall hat die homogene Integralgleichung

$$(5.9)\qquad (1-r)\zeta - \frac{1}{\pi}\int_0^{2\pi} \zeta' \hat{N}(\psi, \psi')\, d\psi' = 0$$

keine Nullösungen mehr.

Nunmehr werden die sukzessiven Approximationen durch das System von Integralgleichungen

$$(5.10)\qquad (1-r)\zeta_{i+1} - \frac{1}{\pi}\int_0^{2\pi} \zeta'_{i+1} \hat{N}(\psi, \psi')\, d\psi' = \hat{\Pi}(\zeta_i) \quad (i = 0, 1, 2, \ldots; \zeta_0 = 0)$$

erklärt. Bezeichnet weiterhin $H(\psi, \varphi')$ den zu dem Kern $\frac{1}{\pi(1-r)}\hat{N}(\psi, \psi')$ gehörigen lösenden Kern, so gilt

$$(5.11) \qquad \zeta_{i+1} = \frac{1}{1-r}\hat{\Pi}(\zeta_i) + \frac{1}{1-r}\int_0^{2\pi} \hat{\Pi}(\psi'; \zeta_i')\, H(\psi, \psi')\, d\psi'.$$

Endlich läßt sich ohne Mühe zeigen, daß $\hat{\Pi}$ gewissen für das Gelingen des Verfahrens der sukzessiven Approximationen wesentlichen Ungleichheiten[19]) für hinreichend kleine Parameterwerte genügt. Es ergibt sich sodann eine und nur eine in den Parametern λ, w, h, s in einem Gebiete

$$(5.12) \qquad |\lambda|, \; |w|, \; |h|, \; |s| \leqq \delta$$

analytische und reguläre Funktion

$$(5.13) \qquad \zeta = \lim_{i \to \infty} \zeta_i = \sum a_{\nu_0 \nu_1 \nu_2 \nu_3} \lambda^{\nu_0} w^{\nu_1} h^{\nu_2} s^{\nu_3} \qquad \begin{pmatrix} \nu_0 + \nu_1 + \nu_2 + \nu_3 \geqq 1 \\ \nu_0, \quad \nu_1, \quad \nu_2, \quad \nu_3 \geqq 0 \end{pmatrix}$$

als Lösung der Integro-Differentialgleichung (5. 8). Die Koeffizienten $a_{\nu_0 \nu_1 \nu_2 \nu_3}$ sind noch Funktionen der exzentrischen Anomalie ψ und des Achsenverhältnisses r und können durch Integralgleichungen der Form

$$(5.14) \quad (1-r)\, a_{\nu_0 \nu_1 \nu_2 \nu_3}(\psi) - \frac{1}{\pi}\int_0^{2\pi} \hat{N}(\psi, \psi')\, a_{\nu_0 \nu_1 \nu_2 \nu_3}(\psi')\, d\psi' = A_{\nu_0 \nu_1 \nu_2 \nu_3}$$

rekursiv gewonnen werden; $A_{\nu_0 \nu_1 \nu_2 \nu_3}$ stellt den Koeffizienten von $\lambda^{\nu_0} w^{\nu_1} h^{\nu_2} s^{\nu_3}$ in $\hat{\Pi}(\zeta)$ dar, wenn für ζ das Polynom

$$\sum_{\iota=1}^{i} a_{\mu_0 \mu_1 \mu_2 \mu_3} \lambda^{\mu_0} w^{\mu_1} h^{\mu_2} s^{\mu_3} \qquad (\sigma = \mu_0 + \mu_1 + \mu_2 + \mu_3)$$

eingeführt wird.

Für den regulären Fall ist damit die Aufgabe der Bestimmung von Gleichgewichtsfiguren in der Nachbarschaft der zugrunde gelegten Ellipsen in eindeutiger Weise gelöst. Aus der Unität der Lösung, sowie aus den Beziehungen (2. 12) und (3. 12) folgt ferner, *daß die gefundenen regulären Gleichgewichtsfiguren sich zwischen je zwei aufeinander folgenden singulären Stellen* (also „streckenweise") *hinsichtlich r zu linearen Reihen von Gleichgewichtsfiguren zusammenschließen*, die den in § 2 angeführten linearen Reihen von angenäherten Gleichgewichtsfiguren entsprechen. Die Frage nach der Möglichkeit des Zusammenschlusses über die singulären Stellen hinweg bleibt indessen vorläufig noch ungeklärt.

---

[19]) Über diese Ungleichheiten und das Verfahren der sukzessiven Approximationen siehe vor allem die Darstellung in § 2 der kürzlich erschienenen Monographie von L. Lichtenstein, Vorlesungen über einige Klassen nichtlinearer Integralgleichungen und Integro-Differentialgleichungen nebst Anwendungen, Berlin 1931, Julius Springer.

§ 6.

Bestimmung der Glieder erster Ordnung.

Wir legen den nun folgenden Betrachtungen die Definitionsformel für die erste Approximation, d. h. die Formel (5.10) mit dem speziellen Zeigerwert $i = 0$ zugrunde

$$(6.1)\qquad (1-r)\zeta_1 - \frac{1}{\pi}\int_0^{2\pi} \zeta_1' \hat{N}(\psi, \psi')\,d\psi' = \hat{\Pi}(\zeta_0) \equiv \hat{\Pi}(0).$$

Zur Bestimmung einer ersten Annäherung reicht es offenbar aus, in $\hat{\Pi}(0)$ unter den von ζ freien Gliedern nur diejenigen von erster Ordnung zu berücksichtigen. Nach leichten Umformungen auf Grund der Relationen (2.11), (2.12) und (1.7) liefert (2.8)

$$(6.2)\quad h\hat{\mathfrak{G}} = -\pi R_1 R_2 h \frac{r^2}{(1+r)^2}\cos\psi - \pi R_1 R_2 h \frac{r}{3}\frac{1-r+r^2}{(1+r)^2}\cos 3\psi + O(h^2),$$

mithin findet man unter Berücksichtigung von (3.20) und (5.7) bis auf Glieder höherer Ordnung

$$(6.3)\quad \hat{\Pi}(0) = s + \lambda\cos\psi - h\frac{r^2}{(1+r)^2}\cos\psi - h\frac{r}{3}\frac{1-r+r^2}{(1+r)^2}\cos 3\psi \\ + (1-r)\,w\cos n\psi + \dots,$$

wobei freilich im regulären Fall $w = 0$ zu setzen ist. Bei Außerachtlassung der Glieder von mindestens zweiter Ordnung erhalten wir $\hat{\Pi}(0)$ demnach in Gestalt eines reinen Cos-Polynoms,

$$(6.4)\quad \hat{\Pi}(0) = \frac{c_0}{2} + c_1\cos\psi + c_3\cos 3\psi + c_n\cos n\psi + \dots \quad \left(\begin{matrix} c_n = 0 \text{ im regulären} \\ \text{Fall für } n > 3\end{matrix}\right)$$

mit

$$(6.5)\quad \frac{c_0}{2} = s,\quad c_1 = \lambda - h\frac{r^2}{(1+r)^2},\quad c_3 = -h\frac{r}{2}\frac{1-r+r^2}{(1+r)^2},\quad c_n = (1-r)\,w$$
$$(w = 0 \text{ im regulären Fall})$$

für alle regulären Stellen und die singulären $r = r_n$, $n \neq 3$. In dem speziellen singulären Fall $r = r_3$ gilt

$$(6.6)\quad \frac{c_0}{2} = s,\quad c_1 = \lambda - h\frac{r^2}{(1+r)^2},\quad c_3 = (1-r)\,w - h\frac{r}{3}\frac{1-r+r^2}{(1+r)^2}.$$

Verfährt man jetzt wieder wie in § 4 bei der Bestimmung der Eigenwerte, so erkennt man ohne Schwierigkeit, daß die Terme erster Ordnung von ζ_1 wiederum ein Cos-Polynom ergeben,

$$(6.7)\qquad \zeta_1 = \frac{a_0}{2} + a_1\cos\psi + a_3\cos 3\psi + a_n\cos n\psi + \dots$$

mit

$$a_0 = \frac{c_0}{1-r}, \quad a_1 = -\frac{c_1}{2r}, \quad a_3 = \frac{3c_3}{2-3r-r^3}, \quad a_n = \frac{c_n}{1-r} \tag{6.8}$$

im regulären Fall und für $r = r_n \neq r_3$

bzw. $a_3 = \frac{c_3}{1-r}$ für $r = r_3$.

Somit erhalten wir für ζ in einer ersten Annäherung im regulären Fall

$$\zeta_1 = \frac{s}{1-r} - \frac{\lambda}{2r}\cos\psi + h\frac{r}{2(1+r)^2}\cos\psi - h\frac{r}{2-3r-r^3}\,\frac{1-r+r^2}{(1+r)^2}\cos 3\psi + \ldots, \tag{6.9}$$

im singulären Fall $r = r_n \neq r_3$

$$\zeta_1 = \frac{s}{1-r} - \frac{\lambda}{2r}\cos\psi + h\frac{r}{2(1+r)^2}\cos\psi - h\frac{r}{2-3r-r^3}\,\frac{1-r+r^2}{(1+r)^2}\cos 3\psi + w\cos n\psi + \ldots \tag{6.10}$$

und endlich für $r = r_3$

$$\zeta_1 = \frac{s}{1-r} - \frac{\lambda}{2r}\cos\psi + h\frac{r}{2(1+r)^2}\cos\psi + w\cos 3\psi - h\frac{r}{3(1-r)}\,\frac{1-r+r^2}{(1+r)^2}\cos 3\psi + \ldots, \tag{6.11}$$

wobei die nicht mehr hingeschriebenen Glieder jedesmal bezüglich λ, w, h, s von mindestens zweiter Ordnung sind. Wird nunmehr der Ausdruck (6.9) für ζ in die Beziehungen (1.10) eingetragen, so findet man die Gleichungen der gesuchten Kurve S_1 in einer ersten Annäherung im regulären Fall.

§ 7.

Die Verzweigungsgleichung.

Im regulären Fall war das Problem mit Angabe der Lösung (5.13) erledigt. Für die singulären Fälle schließt sich als wesentlicher Punkt der Betrachtungen noch die Untersuchung der Verzweigungsgleichung (5.3) an, d. h. die Aufgabe, den bisher noch unbestimmt gelassenen kleinen Parameter w so zu bestimmen, daß die Gleichung (5.3) erfüllt ist. Zu diesem Zweck werde die Entwicklung (5.13) für ζ in die Verzweigungsgleichung (5.3) eingetragen und die durch gliedweise Integration entstehende, nach Potenzen von λ, w, h, s fortschreitende Entwicklung

$$\sum B_{\nu_0\nu_1\nu_2\nu_3}\lambda^{\nu_0} w^{\nu_1} h^{\nu_2} s^{\nu_3} = 0, \quad \nu_0 + \nu_1 + \nu_2 + \nu_3 \geqq 1 \tag{7.1}$$

mit

$$B_{\nu_0\nu_1\nu_2\nu_3} = \int_0^{2\pi} a_{\nu_0\nu_1\nu_2\nu_3}(\psi')\cos n\psi'\,d\psi', \quad B_{0100} = 0 \tag{7.2}$$

nach w aufgelöst. Augenscheinlich ist immer $B_{1000} = B_{0100} = B_{0001} = 0$ und außer für $r = r_3$ auch $B_{0010} = 0$. Demnach erweist sich zur Bestimmung des Parameters w die Kenntnis der Glieder von mindestens zweiter Ordnung als nötig.

Es ist nun um so bemerkenswerter, daß man in dem speziellen singulären Fall $n = 2$ grundsätzlich mit der Kenntnis der Glieder erster Ordnung bei der Diskussion der Verzweigungsgleichung auskommt. Freilich haben wir jetzt an die Stelle von w einen weiteren kleinen (gleichfalls zu Anfang noch unbestimmt gelassenen) Parameter $\boldsymbol{w}$ gemäß der Beziehung

$$(7.3) \qquad \frac{\omega^2}{\pi k f} = r\frac{1-r}{1+r} + \boldsymbol{w}$$

einzuführen, was augenscheinlich, wie ein Blick auf die Gleichung (2.12) lehrt, eine geringfügige Abänderung in der Wahl des Achsenverhältnisses der zugrunde gelegten Ellipse bedeutet[20]). Wie man sich leicht überzeugt, erfährt nur die rechte Seite der Integro-Differentialgleichung (3.20) eine gewisse Abänderung, und zwar derart, daß in Π zu den Gliedern erster Ordnung noch der Ausdruck

$$(7.4) \qquad \boldsymbol{w}\frac{1}{2}\frac{1+r}{1-r}\cos 2\psi$$

hinzukommt, wenn wir den auf S konstanten Term $\boldsymbol{w}\frac{1}{2}\frac{1+r}{1-r}$ in $\pi R_1 R_2 s$ mit hineinnehmen. Sonst tritt $\boldsymbol{w}$ nur noch in Gliedern höherer Ordnung auf.

Es möge nun $\boldsymbol{w}$ derart bestimmt werden, daß $w = 0$ wird. An Stelle von (5.3) haben wir jetzt die Verzweigungsgleichung

$$(7.5) \qquad \int_0^{2\pi} \zeta' \cos 2\psi' \, d\psi' = 0,$$

in die für ζ' die zu (5.13) analoge Potenzentwicklung nach $\lambda, \boldsymbol{w}, h, s$ einzutragen ist. Für die Glieder erster Ordnung erhalten wir jetzt (vgl. (6.10))

$$(7.6) \qquad \zeta_1 = \frac{s}{1-r} - \frac{\lambda}{2r}\cos\psi + h\frac{r}{2(1+r)^2}\cos\psi + \boldsymbol{w}\frac{1+r}{2(1-r)^2}\cos 2\psi$$
$$- h\frac{r}{2-3r-r^3}\,\frac{1-r+r^2}{(1+r)^2}\cos 3\psi + \ldots \qquad (r = r_2 = \sqrt{2}-1).$$

Setzt man endlich diesen Ausdruck in (7.5) ein, so erkennt man, daß die Verzweigungsgleichung notwendig von der Form

$$(7.7) \qquad \boldsymbol{w}\pi\frac{1+r}{2(1-r)^2} + \mathfrak{P}_1(\lambda, \boldsymbol{w}, h, s) = 0$$

---

[20]) Offenbar hat jetzt der Koeffizient von X^2 in (2.1) gerade den Wert $\pi\boldsymbol{w}$. Die Einführung eines zu $\boldsymbol{w}$ analogen Parameters zu prinzipiell gleichem Zweck ist mit Erfolg zuerst von Herrn L. Lichtenstein in loc. cit. [3]) II. Abh. und III. Abh. vorgenommen worden.

ist, unter $\mathfrak{P}_1$ wie nachher unter $\mathfrak{P}_2$ mit mindestens quadratischen Gliedern beginnende Potenzreihen in den kleinen Parametern verstanden. Nach bekannten Sätzen ist dann für hinreichend kleine Werte von $|w|$

$$w = \mathfrak{P}_2(\lambda, h, s) \tag{7.8}$$

eine eindeutige Funktion von λ, h, s.

Außer den zu $\bar{r}$ und $\overset{+}{r}$ gehörigen regulären Figuren gibt es also in der Nachbarschaft von $\mathring{S}$ keine neuen Gleichgewichtsfiguren. Damit ist zugleich die erste der zu Ende des § 5 bemerkten Lücken geschlossen.

§ 8.

Die Verzweigungsgleichung (Fortsetzung).

Nun zu den übrigen singulären Fällen $r = r_n$ mit $n > 2$! Ein Blick auf die Beziehungen (6.10), (6.11) und (7.4) lehrt, daß jetzt der Kunstgriff, der in der Einführung des weiteren Parameters w bestand, nicht mehr zu wesentlichen Erleichterungen führen kann. Vielmehr wird sich jetzt die Heranziehung von Gliedern höherer als der ersten Ordnung bei der Diskussion der Verzweigungsgleichung, die wir von nun an wieder in der Form (5.3) annehmen, nicht umgehen lassen.

Wegen der aus der Theorie der Integralgleichung folgenden Relation

$$\int_0^{2\pi} H(\psi, \psi') \cos n \psi' d\psi' = 0 \tag{8.1}$$

liefert die Formel (5.11) bei Vertauschung der Integrationsfolge

$$\int_0^{2\pi} \zeta_{i+1} \cos n \psi \, d\psi = \frac{1}{1-r} \int_0^{2\pi} \hat{\Pi}(\zeta_i) \cos n \psi \, d\psi, \tag{8.2}$$

wobei hier und stets im folgenden unter r der singuläre Wert r_n zu verstehen ist. Aus (8.2) und (3.20) ergibt sich nun weiter die Verzweigungsgleichung in der Form

$$\int_0^{2\pi} \left[\mathsf{P}(\zeta) + \frac{1}{\pi R_1 R_2} h \, \mathfrak{G}(X_1, Y_1) + \frac{1}{\pi R_1 R_2} \{U^{(2)} + U^{(3)} + \ldots\} \right] \cos n \psi \, d\psi = 0. \tag{8.3}$$

Wir werden uns hier zunächst auf die Glieder zweiter Ordnung beschränken und für ζ die Glieder erster Ordnung der ersten Approximation ζ_1, d. h.

$$\begin{aligned} {}_1\zeta &= \frac{s}{1-r} - \frac{\lambda}{2r} \cos\psi + h \frac{r}{2(1+r)^2} \cos\psi - h \frac{r}{2-3r-r^3} \frac{1-r+r^2}{(1+r)^2} \cos 3\psi + w \cos n \psi \\ &= \frac{a_0}{2} + a_1 \cos\psi + a_3 \cos 3\psi + a_n \cos n \psi, \end{aligned} \tag{8.4}$$

eintragen, um die Koeffizienten $B_{\nu_0 \nu_1 \nu_2 \nu_3}$ mit $\nu_0 + \nu_1 + \nu_2 + \nu_3 = 2$ zu bestimmen.

Da, wie wir in § 9 sehen werden, der Ausdruck $U^{(3)} + U^{(4)} + \ldots$ nur aus Gliedern von dritter und höherer Ordnung besteht, ferner auch die Entwicklung $h\hat{\mathfrak{G}}(X, Y)$ für $n > 4$ gemäß (2.8) nur Beiträge dieser Art liefert, werden wir in (8.3) nur $U^{(2)}({}_1\zeta)$ und die Terme zweiter Ordnung aus $\mathsf{P}({}_1\zeta)$ und $h\hat{\mathfrak{G}}(X_1, Y_1) - h\hat{\mathfrak{G}}(X, Y)$ berücksichtigen,

$$\mathsf{P}({}_1\zeta) = \frac{1-r}{1+r}\frac{p^2}{R_1 R_2}\,{}_1\zeta\,\lambda\cos\psi + r\frac{1-r}{1+r}\,{}_1\zeta^2\frac{p^4}{R_1^3 R_2}\cos^2\psi + \ldots, \tag{8.5}$$

$$\begin{aligned} &h\hat{\mathfrak{G}}(X_1, Y_1) \\ &= h\hat{\mathfrak{G}}(X, Y) - \pi r\frac{1-r}{1+r}h p^2\,{}_1\zeta\left[\frac{1+r+r^2}{(1+r)^2}\cos 3\psi + \frac{r}{(1+r)^2}\cos\psi\right] + \ldots \\ &= -\pi r^2\frac{1-r}{(1+r)^3}h p^2\,{}_1\zeta\cos\psi - \pi r(1-r)\frac{1+r+r^2}{(1+r)^3}h p^2\,{}_1\zeta\cos 3\psi + \ldots \end{aligned} \tag{8.6}$$

In der Bezeichnungsweise von § 9 gilt nun

$$U^{(2)} = \Delta_3 + \Delta_5 + 2\Delta_6 + \Delta_8, \tag{8.7}$$

wobei zur Abkürzung gesetzt ist

$$\begin{aligned} \Delta_3 &= \frac{1}{2R_1 R_2}\int_0^{2\pi}\zeta'^2 p'^4\log\frac{L}{\varrho}\,d\psi', \\ \Delta_5 &= -\frac{R_1 R_2}{2}\int_0^{2\pi}(p'\zeta')^2\frac{1-\cos\vartheta}{\varrho^2}\,d\psi', \qquad (\vartheta = \psi' - \psi), \\ 2\Delta_6 &= -R_1 R_2\, p^2\,\zeta\int_0^{2\pi}\zeta'\frac{1-\cos\vartheta}{\varrho^2}\,d\psi', \\ \Delta_8 &= \frac{p^4\zeta^2}{2R_1 R_2}\int_0^{2\pi}\frac{1-\cos\vartheta}{\varrho^2}\left[R_2^2\cos\psi'\cos\psi + R_1^2\sin\psi'\sin\psi\right]d\psi'. \end{aligned} \tag{8.8}$$

Unter Benutzung der etwa auf dem Wege über das Komplexe gewonnenen Entwicklung

$$\begin{aligned} \frac{1-\cos\vartheta}{\varrho^2} &= \frac{(1+r)^2}{2R_1^2}\left[1 - 2r\cos\tau + r^2\right]^{-1} \\ &= \frac{1}{2R_1 R_2}\left[1 + 2\sum_{m=1}^{\infty} r^m\cos m\tau\right] \qquad (\tau = \psi' + \psi) \end{aligned} \tag{8.9}$$

liefert die Auswertung des letzten Integrals

$$\Delta_8 = p^4\zeta^2\frac{\pi r}{R^2}\cos^2\psi - p^2\zeta^2\frac{\pi r}{2}. \tag{8.10}$$

In ähnlicher Weise wie in § 4 ergibt sich nach Vertauschung der Integrationsfolge

$$(8.11)\qquad \int_0^{2\pi} \Delta_3 \cos n\,\psi\, d\psi = \frac{\pi}{2 R_1 R_2}(1-r)\int_0^{2\pi} \zeta'^2 p'^4 \cos n\,\psi'\, d\psi',$$ [21]

und weiter wegen (8.9)

$$(8.12)\qquad \int_0^{2\pi} \Delta_5 \cos n\,\psi\, d\psi = -\frac{\pi}{2} r^n \int_0^{2n} (p'\zeta')^2 \cos n\,\psi'\, d\psi'.$$

Endlich erhalten wir vermöge (8.4)

$$(8.13)\qquad \int_0^{2\pi} 2\Delta_6({}_1\zeta)\cos n\,\psi\, d\psi$$
$$= -\pi \int_0^{2\pi} p^2\,{}_1\zeta\left[\frac{a_0}{2} + a_1 r\cos\psi + a_3 r^3 \cos 3\psi + a_n r^n \cos n\,\psi\right]\cos n\,\psi\, d\psi.$$

Wegen der aus (1.9) folgenden Relation

$$(8.14)\qquad p^2 = R_2^2 + \frac{R_1^2 - R_2^2}{R_1^2}\,p^2\cos^2\psi = R_1 R_2\left[\frac{1-r}{1+r} + \frac{4r}{1-r^2}\,\frac{p^2}{R_1^2}\cos^2\psi\right]$$

können wir für (8.11) jetzt auch schreiben

$$(8.15)\qquad \int_0^{2\pi} \Delta_3 \cos n\,\psi\, d\psi$$
$$= \frac{\pi}{2}\,\frac{(1-r)^2}{1+r}\int_0^{2\pi} \zeta^2 p^2 \cos n\,\psi\, d\psi + \frac{2\pi r}{1+r}\int_0^{2\pi} \zeta^2\,\frac{p^4}{R_1^2}\cos^2\psi\cos n\,\psi\, d\psi.$$

Alles in allem bekommen wir schließlich

$$(8.16)\qquad \frac{1}{\pi R_1 R_2}\int_0^{2\pi} U^{(2)}({}_1\zeta)\cos n\,\psi\, d\psi$$
$$= r\frac{3+r}{1+r}\int_0^{2\pi} {}_1\zeta^2\,\frac{p^4}{R_1^3 R_2}\cos^2\psi\cos n\psi\, d\psi - \frac{1}{2}(n + n\,r - 2)\frac{1-r}{1+r}\int_0^{2\pi}\frac{p^2}{R_1 R_2}\,{}_1\zeta^2 \cos n\psi\, d\psi$$
$$-\int_0^{2\pi}\frac{p^2}{R_1 R_2}\,{}_1\zeta\left[\frac{a_0}{2} + a_1 r\cos\psi + a_3 r^3\cos 3\psi + a_n r^n \cos n\,\psi\right]\cos n\,\psi\, d\psi.$$

---

[21]) Man vergleiche in diesem Zusammenhang auch die Formel (2.17) des dritten Teiles.

Somit erhält der Ausdruck (8.3) nach leichten Umformungen die Gestalt

$$(8.17)\quad \frac{4r}{1+r}\int_0^{2\pi} {}_1\zeta^2 \frac{p^4}{R_1^3 R_2}\cos^2\psi\cos n\psi\, d\psi - \frac{1}{2}(n+nr-2)\frac{1-r}{1+r}\int_0^{2\pi}\frac{p^2}{R_1 R_2}\,{}_1\zeta^2\cos n\psi\, d\psi$$

$$-\int_0^{2\pi}\frac{p^2}{R_1 R_2}\,{}_1\zeta\left[\frac{a_0}{2}+b_1\cos\psi+b_3\cos 3\psi+a_n r^n\cos n\psi\right]\cos n\psi\, d\psi \equiv J_1+J_2+J_3$$

mit

$$(8.18)\qquad b_1=\frac{3-r}{1+r}\,r\,a_1,\qquad b_3=\left[r^3-\frac{1-r^3}{1+r^3}(2-3r-r^3)\right]a_3,$$

ferner die Integralausdrücke von (8.17) der Reihe nach mit J_1, J_2, J_3 bezeichnet.

Mit Rücksicht auf (1.9) gilt die Beziehung

$$(8.19)\qquad p^2=\frac{R_1^2R_2^2}{R_2^2\cos^2\psi+R_1^2\sin^2\psi}=\frac{R_2^2(1+r)^2}{1-2r\cos 2\psi+r^2},$$

aus der sich mit Hilfe der Relation (8.9) die beiden für die Auswertung der in (8.17) auftretenden Integrale nützlichen Entwicklungen

$$(8.20)\qquad \frac{p^2}{R_1R_2}=1+2\sum_{m=1}^{\infty}r^m\cos 2m\psi,\qquad (0<r<r^*<1),$$

$$(8.21)\qquad \frac{p^4}{R_1^3R_2}\cos^2\psi=\frac{1}{2}\left[1+\sum_{m=1}^{\infty}\{2r+(1-r^2)m\}\,r^{m-1}\cos 2m\psi\right.$$

ergeben.

Für die folgenden Betrachtungen erweist es sich als zweckmäßig, die Fälle $n\equiv 0 \pmod 2$ und $n\equiv 1 \pmod 2$ getrennt zu behandeln.

Es sei zunächst n gerade. Im Hinblick auf den Umstand, daß die in (8.20) und (8.21) angeschriebenen Reihen lediglich nach geraden Vielfachen der exzentrischen Anomalie fortschreiten, erkennen wir, daß zu J_1 und J_2 nur diejenigen Terme des Polynoms ${}_1\zeta^2\cos n\psi$ einen Beitrag liefern, die zu einem Kosinus von geraden Multipla von ψ Anlaß geben. Infolgedessen sind schon in ${}_1\zeta^2$ nur die Glieder

$$(8.22)\quad \frac{1}{2}\left(\frac{a_0^2}{2}+a_1^2+a_3^2+a_n^2\right)+\left(\frac{a_1^2}{2}+a_1a_3\right)\cos 2\psi+a_1a_3\cos 4\psi$$

$$+\frac{a_3^2}{2}\cos 6\psi+a_0a_n\cos n\psi+\frac{a_n^2}{2}\cos 2n\psi,$$

mithin in dem Ausdruck ${}_1\zeta^2\cos n\psi$ die Glieder

$$(8.23)\qquad \frac{1}{2}\left[a_0a_n+\left(\frac{a_0^2}{2}+a_1^2+a_3^2+\frac{3a_n^2}{2}\right)\cos n\psi\right.$$

$$+\left(\frac{a_1^2}{2}+a_1a_3\right)\{\cos(n+2)\psi+\cos(n-2)\psi\}+a_1a_3\{\cos(n+4)\psi+\cos(n-4)\psi\}$$

$$\left.+\frac{a_3^2}{2}\{\cos(n+6)\psi+\cos(n-6)\psi\}+a_0a_n\cos 2n\psi+\frac{a_n^2}{2}\cos 3n\psi\right]$$

zu berücksichtigen. In entsprechender Weise liefern in dem Ausdruck

$$ {}_1\zeta\left[\frac{a_0}{2}+b_1\cos\psi+b_3\cos 3\psi+a_n r^n\cos n\psi\right]\cos n\psi $$

nur die Terme

$$ \begin{aligned} (8.24)\quad & \frac{1}{4}\left[a_0 a_n(1+r^n)+(a_0^2+2a_1 b_1+2a_3 b_3+3a_n^2 r^n)\cos n\psi\right.\\ & +(a_1 b_1+a_3 b_1+a_1 b_3)\{\cos(n+2)\psi+\cos(n-2)\psi\}\\ & +(a_3 b_1+a_1 b_3)\{\cos(n+4)\psi+\cos(n-4)\psi\}\\ & +a_3 b_3\{\cos(n+6)\psi+\cos(n-6)\psi\}\\ & \left.+a_0 a_n(1+r^n)\cos 2n\psi+a_n^2 r^n\cos 3n\psi\right] \end{aligned} $$

Beiträge zu J_3.

Jetzt können wir, wie ein Blick auf (8.4) lehrt, schon feststellen, daß die Koeffizienten von λs, λw, wh, hs in der Verzweigungsgleichung sämtlich verschwinden müssen. Es bleiben noch die Koeffizienten von w^2, λ^2, h^2, s^2, λh, ws zu bestimmen.

Durch Einsetzen der Ausdrücke (8.23) und (8.24) in (8.17) erhalten wir insbesondere

$$ \begin{aligned} (8.25)\quad J_3 = & -\frac{\pi}{2}a_0 a_n n(1-r)^2\frac{n+nr-2}{1+r}-\frac{\pi}{2}r^{\frac{n}{2}}\frac{1-r}{1+r}\frac{n+nr-2}{2}\left[a_0^2+a_1^2\frac{(1+r)^2}{r}\right.\\ & \left.+a_3^2\frac{(1+r^3)^2}{r^3}+a_n^2(2+n-nr)+2a_1 a_3\left(\frac{1}{r^2}+\frac{1}{r}+r+r^2\right)\right], \end{aligned} $$

$$ \begin{aligned} (8.26)\quad J_3 = & -\frac{\pi}{2}a_0 a_n n^2(1-r)^2-\frac{\pi}{2}r^{\frac{n}{2}}\left[a_0^2+a_1 b_1\frac{(1+r)^2}{r}+a_3 b_3\frac{(1+r^3)^2}{r^3}\right.\\ & \left.+a_n^2(n-nr-1)(2+n-nr)+(a_1 b_3+a_3 b_1)\left(\frac{1}{r^2}+\frac{1}{r}+r+r^2\right)\right]. \end{aligned} $$

Fassen wir zusammen, so finden wir nach leichten Umformungen

$$ \begin{aligned} (8.27)\quad J_2+J_3 = & -\pi a_0 a_n n\frac{(1-r)^2}{1+r}(n+nr-1)-\frac{\pi}{4}r^{\frac{n}{2}}\left[a_0^2\frac{1}{1+r}\{4r+n(1-r^2)\}\right.\\ & +a_1^2\frac{1+r}{r}\{4r+n(1-r^2)-2(1-r)^2\}\\ & +a_3^2\frac{1+r^3}{r^3}\left[\{4r+n(1-r^2)\}\{1-r+r^2\}-6(1-r)(1-r^3)\right]\\ & +a_n^2\frac{3+r^n}{1+r}\{-4+3n(1-r^2)\}\\ & \left.+2a_1 a_3\frac{1}{r^2}\left[\{4r+n(1-r^2)\}(1+r^3)-2(1+r)(1-r)^2(2r^2+r+2)\right]\right]. \end{aligned} $$

Wie man sich ohne Mühe überzeugt, erhält man für J_1

$$(8.28)\quad J_1 = \pi a_0 a_n n \frac{(1-r)^2}{1+r}(n+nr-1) + \frac{\pi}{4} r^{\frac{n}{2}} \Big[a_0^2 \frac{1}{1+r}\{4r + n(1-r^2)\}$$
$$+ a_1^2 \frac{1+r}{r}\{4r + n(1-r^2) - 2(1-r)^2\}$$
$$+ a_3^2 \frac{1+r^3}{r^3}[\{4r + n(1-r^2)\}\{1-r+r^2\} - 6(1-r)(1-r^3)]$$
$$+ a_n^2 \frac{3+r^n}{1+r}\{-4 + 3n(1-r^2)\} + 2a_n^2(3-r^n)$$
$$+ 2a_1 a_3 \frac{1}{r^2}[\{4r + n(1-r^2)\}(1+r^3) - 2(1+r)(1-r)^2(2r^2+r+2)] \Big].$$

Augenscheinlich verschwinden in (8.17) die Koeffizienten von $a_0 a_n$, a_0^2, a_1^2, a_3^2 und $a_1 a_3$, so daß in der Verzweigungsgleichung als einziges (in den Parametern s, λ, h, w) quadratisches Glied nur das mit w^2 behaftete auftritt. Gemäß (8.4) und (8.27), (8.28) lautet der Koeffizient von w^2

$$(8.29)\qquad \frac{\pi}{2} r^{\frac{n}{2}} (3 - r^n),$$

wegen $0 < r < 1$ ist er positiv und gewiß von Null verschieden.

Wir nehmen jetzt zunächst $s = 0$, $\lambda = 0$ an. Es bestehen nun zwei Möglichkeiten: entweder tritt w bei allen Gliedern der Verzweigungsgleichung als gemeinsamer Faktor auf oder nicht. Im ersten Fall wäre mindestens $w = 0$ eine Lösung. Im zweiten Fall sei $\mathfrak{A} h^j$ das erste w nicht enthaltende Gied in der Entwicklung von (8.3). Dann gilt

$$(8.30)\qquad w = (-\mathfrak{A} h^j)^{\frac{1}{2}} + \ldots,$$

und wir erhalten, falls $\mathfrak{A} < 0$ ist, an der Stelle $r = r_n$ zwei reelle Werte von w, d. h. zwei Gleichgewichtsfiguren (bei festem h), die beide für $h \to 0$ in die Rochesche Ellipse übergehen.

Der Fall $r = r_4$, den wir oben zunächst ausschlossen, weist einige Besonderheiten auf. Zwar bleiben im großen ganzen die vorausgegangenen Ausführungen auch jetzt noch gültig, doch muß nunmehr in (8.3) noch das aus der Entwicklung von $h\hat{\mathfrak{G}}(X, Y)$ herrührende Glied $\frac{r(1+r^4)}{(1+r)^4}\frac{h^2}{4}\cos 4\psi$ berücksichtigt werden. Daher ist jetzt die Verzweigungsgleichung von der Form

$$(8.31)\qquad A_{00} h^2 + A_{11} w^2 + \ldots = 0 \qquad (A_{00} > 0,\ A_{11} > 0),$$

und es gilt demzufolge

$$(8.32)\qquad w = \begin{cases} +\sqrt{\frac{A_{00}}{A_{11}}}\, h + \mathfrak{P}^{(1)}(h), \\ -\sqrt{\frac{A_{00}}{A_{11}}}\, h + \mathfrak{P}^{(2)}(h). \end{cases}$$

Wir erhalten demnach im Fall $n=4$ genau zwei Gleichgewichtsfiguren, die für $h=0$ in die zugehörige Rochesche Ellipse übergehen.

Betrachtungen, die den vorstehenden Ausführungen analog sind, führen, wenn wieder $s=0$ gesetzt wird, im Fall ungerader $n>3$ zu dem Ergebnis

$$B_{\nu_0\nu_1\nu_2\nu_3}=0 \quad \text{für} \quad \nu_0+\nu_1+\nu_2+\nu_3=2 \qquad (\nu_0,\nu_1,\nu_2,\nu_3=0,1,2), \tag{8.33}$$

das uns noch weniger sagt als im Fall gerader n.

Die eingehendere Diskussion der Verzweigungsgleichung, die hier trotz Heranziehung der Glieder zweiter Ordnung noch unvollständig geblieben ist, sei späterer Behandlung vorbehalten. Auch die Frage, ob sich die regulären Figuren über die singulären Stellen hinweg (bezüglich r) zu linearen Reihen zusammenschließen, müssen wir unbeantwortet lassen. Wir wissen nur, daß für $n=4$ und $h\neq 0$ zwei Gleichgewichtsfiguren existieren, und aus § 7, daß in $\mathring{S}$ die beiden linearen Reihen regulärer Figuren zusammenhängen, ohne daß für $n=2$ neue Verzweigungen vorkommen.

§ 9.

Anhang. Die Entwicklung für $V_1(X_1, Y_1) - V(X, Y)$.

Die Herleitung einer Reihenentwicklung für die Differenz der Potentiale V_1 und V ist aus den Untersuchungen über räumliche Gleichgewichtsfiguren her bekannt[22]). Eine analoge, für das vorliegende ebene Problem brauchbare Entwicklung ergibt sich ohne weiteres, wenn man jene Betrachtungen in die Sprache des Zweidimensionalen übersetzt, wobei an die Stelle des Newtonschen nunmehr das logarithmische Potential zu treten hat[23]).

Zwischen die Kurven S und S_1 wird eine einparametrige Kurvenschar S_t $(0\leqq t\leqq 1)$ durch die Festsetzung eingeschaltet, daß der Durchstoßpunkt P_t der in P auf S errichteten Außennormale (ν) durch die Kurve S_t die krummlinigen Koordinaten $(\psi, tp\zeta)$ habe. Seine kartesischen Koordinaten lauten alsdann

$$X_t = X + tap\zeta, \qquad Y_t = Y + tbp\zeta. \tag{9.1}$$

Man erhält also die Kurve S_t, wenn man bei festem t die exzentrische Anomalie ψ ihren Wertbereich $\langle 0, 2\pi\rangle$ durchlaufen läßt. Das von S_t umschlossene Gebiet T_t sei mit homogener Masse der Dichte 1 belegt. Wir

[22]) Siehe L. Lichtenstein, loc. cit. [7]), insbes. II. Abhandlung, S. 140 ff. Entsprechende Anwendungen findet diese Entwicklung in den unter [8]) angeführten Abhandlungen.

[23]) Vgl. L. Lichtenstein, loc. cit. [8]), III. Abhandlung, wo bereits bei der Betrachtung ringförmiger Gleichgewichtsfiguren die entsprechende Entwicklung prinzipiell in die Ebene übertragen wird, jedoch nur die Glieder erster Ordnung explizit angegeben werden.

bezeichnen das logarithmische Potential dieser ebenen Massenbelegung in dem auf S_t selbst gelegenen Punkte $(\psi, tp\zeta)$ mit $U_t(\psi)$.

Analog zu den Betrachtungen im Raume gewinnen wir für die Differenz $V_1(X_1, Y_1) - V(X, Y) = U_1(\psi) - U(\psi)$ eine Darstellung in Form einer für hinreichend kleine Werte von $|\zeta|$, $\left|\frac{d\zeta}{d\psi}\right|$ absolut und gleichmäßig konvergenten Reihe

$$(9.2)\qquad U_1 - U = U^{(1)} + U^{(2)} + U^{(3)} + \ldots, \qquad U^{(n)} = \frac{1}{n!}\left[\frac{\partial^n U_t}{\partial t^n}\right]_{t=0} = \int\limits_S \frac{1}{\varrho^{n-1}} K^{(n)} d\sigma'.$$

Hierbei ist, unter ϱ_t den Abstand der beiden auf S_t gelegenen Punkte P_t und P_t' verstanden,

$$(9.3)\qquad \frac{1}{\varrho^{n-1}} K^{(n)} = \frac{1}{n!}\frac{1}{\sqrt{A'^2 + B'^2}} \sum (a'p'\zeta' - ap\zeta)$$
$$\times \left\{ A_t' \frac{\partial^{n-1}}{\partial t^{n-1}}\left(\log \frac{L}{\varrho t}\right) + \binom{n-1}{1} \frac{\partial A_t'}{\partial t} \frac{\partial^{n-2}}{\partial t^{n-2}}\left(\log\frac{L}{\varrho t}\right)\right\}_{t=0},$$

wobei das Summenzeichen die Symmetrie des Ausdruckes $\frac{1}{\varrho^{n-1}} K^{(n)}$ bezüglich a, a', A_t'; b, b', B_t' zum Ausdruck bringt. Es gilt nun weiter

$$d\sigma_t' = d\psi' \sqrt{A_t'^2 + B_t'^2}, \qquad d\sigma' = \frac{R_1 R_2}{p'} d\psi',$$

$$A_t' = \frac{\partial(Y' + b'tp'\zeta')}{\partial\psi'} = A' + t\frac{\partial A_t'}{\partial t}, \qquad A' = \frac{dY'}{d\psi'} = R_2 \cos\psi',$$

$$B_t' = -\frac{\partial(X' + a'tp'\zeta')}{\partial\psi'} = B' + t\frac{\partial B_t'}{\partial t}, \qquad B' = -\frac{dX'}{d\psi'} = R_1 \sin\psi',$$

$$\frac{\partial A_t'}{\partial t} = \frac{d}{d\psi'}(b'p'\zeta') = \frac{1}{R_2}\frac{d}{d\psi'}(p'^2\zeta'\sin\psi'),$$

$$(9.4)\qquad \frac{\partial B_t'}{\partial t} = -\frac{d}{d\psi'}(a'p'\zeta') = -\frac{1}{R_1}\frac{d}{d\psi'}(p'^2\zeta'\cos\psi'),$$

$$a'A_t' + b'B_t' = a'A' + b'B' + t\left(a'\frac{\partial A_t'}{\partial t} + b'\frac{\partial B_t'}{\partial t}\right),$$

$$aA_t' + bB_t' = aA' + bB' + t\left(a\frac{\partial A_t'}{\partial t} + b\frac{\partial B_t'}{\partial t}\right),$$

$$a'A' + b'B' = \frac{R_1R_2}{p'} = \frac{d\sigma'}{d\psi'}, \qquad a'\frac{\partial A_t'}{\partial t} + b'\frac{\partial B_t'}{\partial t} = \frac{p'^3\zeta'}{R_1R_2},$$

$$aA' + bB' = \frac{p}{R_1R_2}\left[R_2^2\cos\psi\cos\psi' + R_1^2\sin\psi\sin\psi'\right],$$

$$a\frac{\partial A_t'}{\partial t} + b\frac{\partial B_t'}{\partial t} = \frac{p}{R_1R_2}\frac{d(p'^2\zeta'\sin\vartheta)}{d\psi'}.$$

Wie man sich durch Einsetzen der in (9.4) angeschriebenen Terme in (9.3) bzw. (9.2) überzeugt, zerfällt $\frac{\partial U_t}{\partial t}$, von Gliedern höherer als der ersten Ordnung in t abgesehen, additiv in folgende Bestandteile:

$$\Delta_1 = \int\limits_S p'\zeta' \log \frac{L}{\varrho}\, d\sigma', \qquad \Delta_2 = -\frac{p^2\zeta}{R_1 R_2}\int\limits_0^{2\pi} [R_2^2 \cos\psi \cos\psi' + R_1^2 \sin\psi \sin\psi'] \log \frac{L}{\varrho}\, d\psi',$$

$$2t\Delta_3 = t\frac{1}{R_1 R_2}\int\limits_0^{2\pi} (p'^2\zeta')^2 \log\frac{L}{\varrho}\, d\psi', \qquad 2t\Delta_4 = -t\frac{p^2\zeta}{R_1 R_2}\int\limits_0^{2\pi} \frac{d\,(p'^2\zeta' \sin\vartheta)}{d\psi'} \log\frac{L}{\varrho}\, d\psi',$$

5) $$2t\Delta_5 = -t R_1 R_2 \int\limits_0^{2\pi} \frac{1-\cos\vartheta}{\varrho^2} (p'\zeta')^2\, d\psi', \qquad 2t\Delta_6 = -t R_1 R_2 p^2 \zeta \int\limits_0^{2\pi} \frac{1-\cos\vartheta}{\varrho^2} \zeta'\, d\psi',$$

$$2t\Delta_7 = t\frac{p^2\zeta}{R_1 R_2}\int\limits_0^{2\pi} \frac{1-\cos\vartheta}{\varrho^2} p'^2\zeta' [R_2^2\cos\psi\cos\psi' + R_1^2 \sin\psi \sin\psi']\, d\psi',$$

$$2t\Delta_8 = t\frac{p^4\zeta^2}{R_1 R_2}\int\limits_0^{2\pi} \frac{1-\cos\vartheta}{\varrho^2} [R_2^2\cos\psi\cos\psi' + R_1^2 \sin\psi \sin\psi']\, d\psi'.$$

Die Ausdrücke Δ_1, Δ_2 sind die einzigen, die lineare Terme, die Ausdrücke $\Delta_3, \Delta_4, \ldots, \Delta_8$ die einzigen, die quadratische Glieder in bezug auf $\zeta, \zeta', \frac{d\zeta'}{d\psi'}$ enthalten.

Insbesondere gilt

$$U^{(1)} = \left[\frac{\partial U}{\partial t}\right]_{t=0} = p\zeta \frac{\partial}{\partial\nu} V + \int\limits_S p'\zeta' \log\frac{L}{\varrho}\, d\sigma'. \tag{9.6}$$

Weiter wird wegen

7) $$(\sin\vartheta)\frac{1}{\varrho}\frac{d\varrho}{d\psi'} = (1-\cos\vartheta)\frac{R_1^2 R_2^2}{p'^2}\frac{1}{\varrho^2} + \frac{(1-\cos\vartheta)}{\varrho^2}[R_2^2\cos^2\psi'\cos\psi + R_1^2\sin^2\psi'\sin\psi]$$

und infolge einer teilweisen Integration

$$\Delta_4 = \Delta_6 - \Delta_7, \tag{9.8}$$

mithin

$$U^{(2)} = \Delta_3 + \Delta_5 + 2\Delta_6 + \Delta_8. \tag{9.9}$$

Zweiter Teil.

Das räumliche Problem[24]).

§ 1.

Problemstellung.

Im folgenden werde die Lage der Punkte des Raumes auf ein festes rechtwinkliges Koordinatensystem (x_0, y_0, z_0) bezogen, in dessen Ursprung

---

[24]) Die Bezeichnungsweise dieses Teiles weicht an mehreren Stellen von derjenigen des ersten Teiles ab.

sich die punktförmige Masse M befinde. Der Punkt O mit den Koordinaten $x_0 = L$ $(L > 0)$, $y_0 = 0$, $z_0 = 0$ sei Ursprung eines neuen, durch die Beziehungen

$$(1.1) \qquad x_0 = x + L, \quad y_0 = y, \quad z_0 = z$$

mit dem früheren System verknüpften, gleichfalls rechtwinkligen Koordinatensystems (x, y, z) und zugleich Mittelpunkt eines Ellipsoidkörpers T, dessen Oberfläche S durch die Gleichung

$$(1.2) \qquad \frac{x^2}{a^2} + \frac{y^2}{b^2} + \frac{z^2}{c^2} = 1$$

definiert sein möge. Unter P ein auf S gelegener Punkt mit den Koordinaten X, Y, Z verstanden, bezeichne (ν) die in P zu S errichtete Außennormale. Ihre Richtungskosinus α, β, γ haben die Werte

$$(1.3) \qquad \alpha = \frac{X}{a^2} p, \quad \beta = \frac{Y}{b^2} p, \quad \gamma = \frac{Z}{c^2} p,$$

wobei

$$(1.4) \qquad p = \left[\frac{X^2}{a^2} + \frac{Y^2}{b^2} + \frac{Z^2}{c^2}\right]^{-\frac{1}{2}}$$

den Abstand der in P an S gelegten Tangentialebene von O angibt.

Wir denken uns jetzt den Ellipsoidkörper T, mit homogener, gravitierender, inkompressibler Flüssigkeitsmasse der Dichte f erfüllt, mit der Winkelgeschwindigkeit ω gleichförmig wie ein starrer Körper um die z_0-Achse rotieren.

Annäherungsrechnungen führten Roche[25]) zu dem Resultat, daß sich das System M, T für geeignet gewählte Werte der Achsenverhältnisse und der Winkelgeschwindigkeit nahezu im Zustand relativen Gleichgewichts befindet, sofern nur die Ausmaße des Ellipsoids genügend klein angenommen werden.

Wie sind aber Achsenverhältnis und Winkelgeschwindigkeit „in geeigneter Weise" zu bestimmen?

Dazu bemerken wir, daß die auf T einwirkenden Kräfte von der Eigengravitation, der Zentrifugalkraft und der Attraktion der Zentralmasse M herrühren. Wird also unter $\varkappa$ die Gaußsche Gravitationskonstante, unter $\varkappa f V(x, y, z)$ das Newtonsche Potential des Ellipsoidkörpers T, unter $\varkappa f G(x, y, z)$ das von der Anziehung der Zentralmasse M herrührende Newtonsche Potential jeweils im Punkte (x, y, z) verstanden und endlich

---

[25]) É. Roche, Mémoire sur la figure d'une masse fluide soumise à l'attraction d'un point éloigné, Mémoires de l'Académie de Montpellier (Section des Sciences) 1849, 1850, 1851, 1, S. 243 u. 333, 2, S. 21.

unter $\Psi(x, y, z)$ eine passende Korrektionsfunktion, so wird in einem Punkt X, Y, Z auf S nach Roche

$$(1.5)\qquad V(X,Y,Z)+\frac{\omega^2}{2\varkappa f}[(L+X)^2+Y^2]+G(X,Y,Z)=s_0+\Psi(X,Y,Z)$$
$$(s_0 \text{ konstant})$$

sein. Wie im ebenen Fall werden wir zeigen, daß bei geeigneter Wahl der Achsenverhältnisse und der Winkelgeschwindigkeit die Korrektionsfunktion Ψ mit den Ausmaßen des Ellipsoids beliebig klein wird.

Das Newtonsche Potential eines homogen mit Masse der Dichte 1 erfüllten Ellipsoidkörpers ist im Innern und auf der Oberfläche bekanntlich von der Form

$$(1.6)\qquad V(X,Y,Z)=D-AX^2-BY^2-CZ^2,$$

unter D, A, B, C wohlbestimmte positive Konstante verstanden.

Das Potential $G(X, Y, Z)$ läßt sich für hinreichend kleine Werte von $h=\frac{a}{L}$, etwa

$$(1.7)\qquad h\leqq h^*,$$

nach Potenzen von h entwickeln:

$$(1.8)\qquad G(X,Y,Z)=\frac{M}{f}[(L+X)^2+Y^2+Z^2]^{-\frac{1}{2}}$$
$$=\frac{M}{2fL^3}[2L^2-2XL-(Y^2+Z^2-2X^2)+a^2O(h)].$$

Durch Elimination von Z^2 gemäß (1.2) wird

$$(1.9)\qquad V(X,Y,Z)=D-Cc^2+\left(C\frac{c^2}{a^2}-A\right)X^2+\left(C\frac{c^2}{b^2}-B\right)Y^2,$$

$$(1.10)\qquad G(X,Y,Z)=\frac{M}{2fL^3}\left[2L^2-c^2-2XL+\left(2+\frac{c^2}{a^2}\right)X^2+\left(\frac{c^2}{b^2}-1\right)Y^2+a^2O(h)\right].$$

Die Beziehung (1.5) geht nunmehr über in

$$(1.11)\qquad \begin{aligned} &D-Cc^2+\frac{\omega^2}{2\varkappa f}L^2+\frac{M}{2fL^3}(2L^2-c^2)-s_0+\left[\frac{\omega^2}{\varkappa f}L-\frac{M}{fL^2}\right]X\\ &+\left[C\frac{c^2}{a^2}-A+\frac{\omega^2}{2\varkappa f}+\frac{M}{2fL^3}\left(2+\frac{c^2}{a^2}\right)\right]X^2\\ &+\left[C\frac{c^2}{b^2}-B+\frac{\omega^2}{2\varkappa f}+\frac{M}{2fL^3}\left(\frac{c^2}{b^2}-1\right)\right]Y^2+\frac{M}{fL^3}a^2O(h)=\Psi(X,Y,Z).\end{aligned}$$

Treffen wir jetzt der Reihe nach über die Konstante s_0, die Winkelgeschwindigkeit und die Achsenverhältnisse des Ellipsoides die Festsetzungen

$$(1.12)\qquad D-Cc^2+\frac{\omega^2}{2\varkappa f}L^2+\frac{M}{2fL^3}(2L^2-c^2)=s_0,$$

$$\frac{\omega^2}{\varkappa f} = \frac{M}{f L^3}, \tag{1.13}$$

$$C\frac{c^2}{a^2} - A + \frac{\omega^2}{2\varkappa f} + \frac{M}{2 f L^3}\left(2 + \frac{c^2}{a^2}\right) = 0, \tag{1.14}$$

$$C\frac{c^2}{b^2} - B + \frac{\omega^2}{2\varkappa f} + \frac{M}{2 f L^3}\left(\frac{c^2}{b^2} - 1\right) = 0, \tag{1.15}$$

so folgt aus (1.11) unmittelbar

$$\Psi(X, Y, Z) = \frac{M}{f L^3} a^2 O(h), \tag{1.16}$$

d. h. die Korrektionsfunktion Ψ läßt sich mit dem Parameter h, mithin, wenn die Entfernung L fest angenommen wird, mit den Ausmaßen des Ellipsoids beliebig klein machen.

Der in (1.13) angeschriebene Wert der Winkelgeschwindigkeit stimmt mit dem durch das Keplersche Gesetz bestimmten überein.

Da sich die Diskussion der beiden transzendenten Gleichungen (1.14), (1.15), die derjenigen der entsprechenden Gleichungen im Fall der Jacobischen Ellipsoide analog verläuft, schon anderenorts durchgeführt findet[26]), begnügen wir uns hier mit einer kurzen Mitteilung der Ergebnisse[27]): Es gibt eine wohlbestimmte Zahl $\mathring{\omega} > 0$ derart, daß zu jedem Wert $\omega < \mathring{\omega}$ genau zwei voneinander verschiedene dreiachsige $(a > b > c)$ Ellipsoide, ein schwächer abgeplattetes $\bar{S}$ und ein stärker abgeplattetes $\overset{+}{S}$ gehören. Dem Wert $\omega = \mathring{\omega}$ entspricht ein mäßig abgeplattetes Ellipsoid $\mathring{S}$. Die Ellipsoide $\overset{+}{S}$ und $\bar{S}$ schließen sich je zu einer von ω (bzw. L) abhängenden stetigen Schar zusammen, sie bilden zwei in dem Ellipsoid $\mathring{S}$ zusammenhängende lineare Reihen von angenäherten Gleichgewichtsfiguren. Für sehr kleine Werte von ω (bzw. sehr große Werte der Entfernung L von der Zentralmasse) erhält man in der Reihe der $\bar{S}$ nahezu eine Kugel, in der Reihe der $\overset{+}{S}$ nahezu eine sehr dünne Nadel. Läßt man jetzt ω monoton wachsen (bzw. die Distanz L immer kleiner und kleiner werden), so nimmt in der Reihe der schwächer abgeplatteten Ellipsoide $\bar{S}$ die Abplattung immer mehr und mehr zu, in der Reihe der stärker abgeplatteten Ellipsoide $\overset{+}{S}$ mehr und mehr ab.

Um die Rocheschen Gleichgewichtsfiguren in exakter Form zu gewinnen und vor allem die noch offene Frage, ob überhaupt und an welchen Stellen von den Rocheschen Ellipsoiden neue Gleichgewichtsfiguren abzweigen, in Angriff zu nehmen, ändern wir die bisherige Problemstellung in folgender,

[26]) Vgl. Tisserand, Mécanique céleste 2, Chapitre VIII, S. 110.

[27]) Es sei an dieser Stelle an die etwas weniger präzisierte Darstellung zu Beginn der Einleitung erinnert.

offenbar unwesentlicher Weise ab: An die Stelle des früheren vollständigen Außenfeldes $G(X, Y, Z)$ trete jetzt das Fremdfeld

$$(1.17) \qquad \mathfrak{G}(x, y, z) = \frac{M}{2fL^3}[2L^2 - 2xL - (y^2 + z^2 - 2x^2)].$$

Augenscheinlich stellt $\mathfrak{G}$ die Anfangsglieder der Entwicklung von $G(x, y, z)$ dar. Durch Hinzunahme eines passenden, von dem Parameter h abhängenden Zusatzfeldes $\varkappa fh\hat{\mathfrak{G}}(x, y, z; h) = \frac{\varkappa M}{2L^3} a^2 \cdot O(h)$ gelangt man dann leicht zu der ursprünglichen Fragestellung zurück.

Wir wollen nun feststellen, *ob es in der Nachbarschaft erster Ordnnug von S geschlossene Flächen S_1 mit stetiger Normale gibt, die für eine hinreichend wenig von ω verschiedene Winkelgeschwindigkeit ω_1 bei Einwirkung des Außenfeldes* (1.17) *Gleichgewichtsfiguren umschließen.*

Es sei S_1 eine solche Fläche in einer Nachbarschaft erster Ordnung von S. Die Normale (ν) bestimmt auf S_1 einen einzigen Durchstoßpunkt $P_1 = (X_1, Y_1, Z_1)$. Bezeichnet ζ [28]) die nach außen positiv zu zählende Strecke $\overrightarrow{PP_1}$, so gilt

$$(1.19) \qquad X_1 = X + \alpha\zeta, \qquad Y_1 = Y + \beta\zeta, \qquad Z_1 = Z + \gamma\zeta.$$

Wird die Fläche S auf ein passendes System Gaußscher Parameter (ξ, η) bezogen, so läßt sich die Lage der auf S_1 gelegenen Punkte für hinreichend kleine Werte von $|\zeta|$, etwa

$$(1.20) \qquad |\zeta| < \varepsilon^*,$$

durch die krummlinigen Koordinaten $(\xi, \eta; \zeta)$ charakterisieren. Die Funktion $\zeta = \zeta(\xi, \eta)$ kann mit stetigen partiellen Ableitungen erster Ordnung begabt vorausgesetzt werden.

Wir denken uns jetzt das von S_1 umschlossene Gebiet T_1, wie zuvor T mit homogener Flüssigkeitsmasse der Dichte f erfüllt. Der Flüssigkeitskörper T_1 rotiere unter Einwirkung des Außenfeldes (1.17) wie ein starrer Körper mit konstanter Winkelgeschwindigkeit ω_1 um die z_0-Achse. Bezeichnet $\varkappa f V_1(x, y, z)$ das Newtonsche Potential von T_1 im Punkte (x, y, z), so muß auf S

$$(1.21) \qquad V_1(X_1, Y_1, Z_1) + \frac{\omega_1^2}{2\varkappa f}[(L + X_1)^2 + Y_1^2] + \mathfrak{G}(X_1, Y_1, Z_1) = s_1 \qquad (s_1 \text{ konstant})$$

sein. Diese für das relative Gleichgewicht notwendige Bedingung ist dafür auch zugleich hinreichend.

---

[28]) Es sei darauf aufmerksam gemacht, daß diese Strecke ζ der im ersten Teil mit $p\zeta$ bezeichneten völlig entspricht.

§ 6.

Aufstellung der Integro-Differentialgleichung.

Aus der Beziehung (1.21) die Definitionsgleichung der Fläche S_1, die von ω_1 stetig abhängen soll, in der Form

$$\zeta = \zeta(\xi, \eta; \omega_1) \tag{2.1}$$

zu gewinnen, werde zunächst für die Differenz $V_1(X_1, Y_1, Z_1) - V(X, Y, Z)$ eine im wesentlichen nach aufsteigenden Potenzen von ζ geordnete Entwicklung angegeben.

Unter (ξ, η, ζ) bzw. (ξ, η) der Punkt (X_1, Y_1, Z_1) auf S_1 bzw. der Punkt (X, Y, Z) auf S verstanden, setzen wir

$$V_1(X_1, Y_1, Z_1) = U_1(\xi, \eta), \qquad V(X, Y, Z) = U(\xi, \eta). \tag{2.2}$$

Dann läßt sich für hinreichend kleine Werte von $|\zeta|$, $\left|\frac{d\zeta}{d\xi}\right|$, $\left|\frac{d\zeta}{d\eta}\right|$, etwa für

$$|\zeta|, \left|\frac{\partial\zeta}{\partial\xi}\right|, \left|\frac{\partial\zeta}{\partial\eta}\right| \leqq \varepsilon \leqq \varepsilon^*, \tag{2.3}$$

die Differenz $V_1 - V$ in Form einer unbedingt und gleichmäßig konvergenten Reihe

$$U_1 - U = \sum_{n=1}^{\infty} U^{(n)} \tag{2.4}$$

darstellen[29]. Hierbei ist speziell

$$U^{(1)} = \zeta \frac{\partial}{\partial\nu} U(\xi, \eta) + \int_S \frac{1}{\varrho} \zeta' d\sigma', \tag{2.5}$$

wenn

$$\varrho = [(X' - X)^2 + (Y' - Y)^2 + (Z' - Z)^2]^{\frac{1}{2}} \tag{2.6}$$

den Abstand der beiden auf S gelegenen Punkte P und P',

$$\begin{gathered} d\sigma' = d\xi' d\eta' \sqrt{\bar{A}'^2 + \bar{B}'^2 + \bar{C}'^2}; \\ \bar{A}' = \frac{\partial(Y', Z')}{\partial(\xi', \eta')}, \quad \bar{B}' = \frac{\partial(Z', X')}{\partial(\xi', \eta')}, \quad \bar{C}' = \frac{\partial(X', Y')}{\partial(\xi', \eta')} \end{gathered} \tag{2.7}$$

das zu P' gehörige Flächenelement auf S bezeichnet. Für $n > 1$ gilt

$$\begin{gathered} U^{(n)} = \int_S \frac{1}{\varrho^n} K^{(n)} d\sigma', \\ \frac{1}{\varrho^n} K^{(n)} = \frac{1}{n!} \frac{1}{\sqrt{\bar{A}'^2 + \bar{B}'^2 + \bar{C}'^2}} \sum (\alpha'\zeta' - \alpha\zeta) \left\{ \bar{A}_t' \frac{\partial^{n-1}}{\partial t^{n-1}} \left(\frac{1}{\varrho_t}\right) \right. \\ \left. + \binom{n-1}{1} \frac{\partial \bar{A}_t'}{\partial t} \frac{\partial^{n-2}}{\partial t^{n-2}} \left(\frac{1}{\varrho_t}\right) + \binom{n-1}{2} \frac{\partial^2 \bar{A}_t'}{\partial t^2} \frac{\partial^{n-3}}{\partial t^{n-3}} \left(\frac{1}{\varrho_t}\right) \right\}_{t=0} \end{gathered} \tag{2.8}$$

[30])

[29]) Man vgl. z. B. loc. cit. [7]) II, S. 140ff.

[30]) Das Summenzeichen drückt hier die Symmetrie des Ausdruckes $\frac{1}{\varrho^n} K^{(n)}$ hinsichtlich $\alpha, \alpha', \bar{A}_t', \frac{\partial \bar{A}_t'}{\partial t}, \frac{\partial^2 \bar{A}_t}{\partial t^2}; \beta, \beta', \ldots; \ldots \frac{\partial^2 \bar{C}_t}{\partial t^2}$ aus.

mit

$$\bar{A}_t' = \frac{\partial(Y'+\beta' t\zeta', Z'+\gamma' t\zeta')}{\partial(\xi',\eta')}, \qquad \bar{B}_t' = \frac{\partial(Z'+\gamma' t\zeta', X'+\alpha' t\zeta')}{\partial(\xi',\eta')},$$

(2.9)
$$\bar{C}_t' = \frac{\partial(X'+\alpha' t\zeta', Y'+\beta' t\zeta')}{\partial(\xi',\eta')};$$

$$\varrho_t^2 = (X'+\alpha' t\zeta' - X - \alpha t\zeta)^2 + (Y'+\beta' t\zeta' - Y - \beta t\zeta)^2 + (Z'+\gamma' t\zeta' - Z - \gamma t\zeta)^2.$$

Der Ausdruck

(2.10)
$$\mathsf{P} = U^{(2)} + U^{(3)} + \ldots$$

genügt den für das Weitere wesentlichen Ungleichheiten

(2.11)
$$|\mathsf{P}|,\ \left|\frac{\partial \mathsf{P}}{\partial \xi}\right|,\ \left|\frac{\partial \mathsf{P}}{\partial \eta}\right| \leqq \gamma^* \varepsilon^* \qquad (\gamma^* \text{ konstant}).$$

Aus später ersichtlichen Gründen[31]) führen wir unter Abänderung der Festsetzungen (1.14), (1.15) in

(2.12)
$$C\frac{c^2}{a^2} - A + \frac{\omega^2}{2\varkappa f} + \frac{M}{2fL^3}\left(2 + \frac{c^2}{a^2}\right) = w_1,$$

(2.13)
$$C\frac{c^2}{b^2} - B + \frac{\omega^2}{2\varkappa f} + \frac{M}{2fL^3}\left(\frac{c^2}{b^2} - 1\right) = w_2$$

oder, was wegen (1.13) dasselbe bedeutet, in

(2.14)
$$C\frac{c^2}{b^2} - B + \frac{\omega^2}{2\varkappa f}\frac{c^2}{b^2} = w_2,$$

(2.15)
$$C\frac{c^2}{a^2} - A + \frac{\omega^2}{2\varkappa f}\left(3 + \frac{c^2}{a^2}\right) = w_1$$

die beiden beliebig kleinen, noch in geeigneter Weise zu bestimmenden Parameter w_1, w_2 ein.

Leichte Umformungen vermöge der Formeln (1.3), (1.4), (1.6), (2.14), (2.15) ergeben jetzt

(2.16)
$$\begin{aligned}
\frac{\partial}{\partial \nu} U &= \frac{\partial U}{\partial X}\alpha + \frac{\partial U}{\partial Y}\beta + \frac{\partial U}{\partial Z}\gamma = -2p\left[A\frac{X^2}{a^2} + B\frac{Y^2}{b^2} + C\frac{Z^2}{c^2}\right] \\
&= -2pBb^2\left[\frac{X^2}{a^4} + \frac{Y^2}{b^4} + \frac{Z^2}{c^4}\right] - 2p\frac{\omega^2}{2\varkappa f}\left(3\frac{X^2}{a^2} - \frac{Z^2}{c^2}\right) \\
&\qquad - 2p\left[\left(\frac{b^2}{a^2}w_2 - w_1\right)\frac{X^2}{a^2} + \frac{b^2}{c^2}w_2\frac{Z^2}{c^2}\right] \\
&= -2\frac{Bb^2}{p} - \frac{\omega^2}{\varkappa f}(3X\alpha - Z\gamma) - 2p\left[\left(\frac{b^2}{a^2}w_2 - w_1\right)\frac{X^2}{a^2} + w_2 b^2\frac{Z^2}{c^4}\right) \\
&= -2\frac{Bb^2}{p} - \frac{\omega^2}{\varkappa f}(3X\alpha - Z\gamma) + 2p\left(w_1\frac{X^2}{a^2} + w_2\frac{Y^2}{b^2}\right) - 2w_2\frac{b^2}{p}.
\end{aligned}$$

[31]) Die Parameter w_1, w_2 entsprechen dem in § 7 des ersten Teiles eingeführten Parameter $\boldsymbol{w}$.

Demzufolge wird

$$(2.17)\qquad U^{(1)} = -2\frac{Bb^2}{p}\zeta + \int\limits_S \frac{1}{\varrho}\zeta' d\sigma' - \zeta\frac{\omega^2}{\varkappa f}(3X\alpha - Z\gamma) + 2p\zeta\left(w_1\frac{X^2}{a^2} + w_2\frac{Y^2}{b^2}\right) - 2\zeta w_2\frac{b^2}{p}.$$

Wegen (1.17), (1.13), (1.19) gilt

$$\mathfrak{G}(X_1, Y_1, Z_1) = \frac{M}{2fL^3}[2L^2 - 2X_1L - (Y_1^2 + Z_1^2 - 2X_1^2)]$$

$$(2.18)\qquad = \frac{\omega^2}{2\varkappa f}\Big[2L^2 - c^2 - 2XL + \left(2 + \frac{c^2}{a^2}\right)X^2 + \left(\frac{c^2}{b^2} - 1\right)Y^2 - 2\alpha\zeta L + 2\zeta(2X\alpha - Y\beta - Z\gamma) + \zeta^2(2\alpha^2 - \beta^2 - \gamma^2)\Big].$$

Nach Einführung des hinreichend kleinen Parameters λ vermöge

$$(2.19)\qquad \frac{\omega_1^2 - \omega^2}{2\varkappa f} = \frac{qa}{2L}\lambda = \frac{q}{2}h\lambda\ ^{32)} \qquad (|\lambda| \leqq h),$$

wobei q eine aus Zweckmäßigkeitsgründen erst später näher zu bestimmende Konstante bedeutet, erhalten wir

$$(2.20)\qquad \frac{\omega_1^2}{2\varkappa f}[(L + X_1)^2 + Y_1^2] = \left(\frac{\omega^2}{2\varkappa f} + \frac{q}{2}h\lambda\right) \times [L^2 + 2LX + X^2 + Y^2 + 2\alpha\zeta L + 2\zeta(X\alpha + Y\beta) + \zeta^2(\alpha^2 + \beta^2)].$$

Aus (1.21), (1.9), (2.4), (2.17), (2.10), (2.18) und (2.20) folgt jetzt die Beziehung

$$(2.21)\qquad D - Cc^2 + \left(C\frac{c^2}{a^2} - A\right)X^2 + \left(C\frac{c^2}{b^2} - B\right)Y^2 - 2B\frac{b^2}{p}\zeta + \int\limits_S \frac{1}{\varrho}\zeta' d\sigma' - \zeta\frac{\omega^2}{\varkappa f}(3X\alpha - Z\gamma) + 2p\zeta\left(w_1\frac{X^2}{a^2} + w_2\frac{Y^2}{b^2}\right) - 2\zeta w_2\frac{b^2}{p} + \mathsf{P} + \left(\frac{\omega^2}{2\varkappa f} + \frac{q}{2}h\lambda\right)[L^2 + 2LX + X^2 + Y^2 + 2\alpha\zeta L + 2\zeta(X\alpha + Y\beta) + \zeta^2(\alpha^2 + \beta^2)] + \frac{\omega^2}{2\varkappa f}\Big[2L^2 - c^2 - 2LX + \left(2 + \frac{c^2}{a^2}\right)X^2 + \left(\frac{c^2}{b^2} - 1\right)Y^2 - 2\alpha\zeta L + 2\zeta(2X\alpha - Y\beta - Z\gamma) + \zeta^2(2\alpha^2 - \beta^2 - \gamma^2)\Big] = s_1.$$

Es sei

$$(2.22)\qquad D - Cc^2 + \frac{\omega^2}{2\varkappa f}L^2 + \frac{\omega^2}{\varkappa f}(L^2 - c^2) + \frac{q}{2}aL\lambda - s_1 + s = 0$$

(s hinreichend klein)

---

[32]) Diese spezielle Annahme wird durch Betrachtungen, die den in der Fußnote [13]) angestellten analog verlaufen, nahe gelegt.

und

$$\psi = -2B\frac{b^2}{p}.\text{[33]} \tag{2.23}$$

Nach leichten Umformungen erhalten wir wegen (2.14) und (2.15)

$$\begin{aligned} \psi\zeta + \int\limits_S \frac{1}{\varrho}\zeta'\,d\sigma' &= s - w_1 X^2 - w_2 Y^2 - \frac{q}{2}h\lambda[2LX + X^2 + Y^2] \\ &- \zeta^2\frac{\omega^2}{2\varkappa f}(3\alpha^2-\gamma^2) - w_1\zeta\,2p\left[\frac{X^2}{a^2} + \frac{w_2}{w_1}\frac{Y^2}{b^2}\right] + w_2\zeta\,2\frac{b^2}{p} \\ &- qh\lambda\zeta[L\alpha + X\alpha + Y\beta] - \frac{q}{2}h\lambda\zeta^2(\alpha^2+\beta^2) - \mathsf{P} \equiv \Pi(\zeta). \end{aligned} \tag{2.24}$$

Dies ist eine nichtlineare Integro-Differentialgleichung zur Bestimmung von ζ. Ihre linke Seite enthält ζ linear, während auf der rechten Seite $\Pi(\zeta)$ die unbekannte Funktion ζ mindestens von zweiter Ordnung oder mit einem der kleinen Parameter s, w_1, w_2, h, λ multipliziert auftritt. Die von ζ freien Terme der rechten Seite enthalten mindestens einen dieser kleinen Parameter[34]).

Späteren Anwendungen zuliebe geben wir noch den Wert, den $\Pi(\zeta)$ für $\zeta = 0$ erhält, an:

$$\Pi(0) = s - w_1 X^2 - w_2 Y^2 - \lambda q a X - \frac{q}{2}h\lambda[X^2 + Y^2].\text{[35]} \tag{2.25}$$

§ 3.

Eine homogene Integralgleichung.

Die durch Nullsetzen der rechten Seite aus (2.24) entstehende homogene lineare Integralgleichung

$$\psi\zeta + \int\limits_S \frac{1}{\varrho}\zeta'\,d\sigma' = 0 \tag{3.1}$$

hat nur eine, einer Drehung entsprechende, triviale Nullösung. Liegen außer dieser für ein bestimmtes Ausgangsellipsoid S weitere (nichttriviale)

---

[33]) Der Ausdruck ψ stellt die nach außen positiv gerichtete Schwerkraft im Punkte (ξ, η) dar. Bei den Maclaurinschen und Jacobischen Ellipsoiden erhält ψ den Wert $-2C\frac{c^2}{p}$.

[34]) Hat man es statt des Außenfeldes $\mathfrak{G}$ mit dem Fremdfeld G zu tun, so tritt in $\Pi(\zeta)$ noch eine Entwicklung des Zusatzfeldes $h\hat{\mathfrak{G}}$ hinzu. Man vergleiche die Ausführungen für das ebene Problem im ersten Teile.

[35]) Hätte man im Gegensatz zu (2.19) $\frac{\omega_1^2 - \omega^2}{2\varkappa f}$ nicht proportional h angesetzt, etwa gleich $\tilde{\lambda}$, unter $\tilde{\lambda}$ ein kleiner Parameter verstanden, so wäre in (2.25) der nun nicht mehr notwendig kleine Ausdruck $\lambda\,2LX$ für $\lambda q a X$ eingetreten.

Nullösungen vor, so soll S als „singuläre" Figur bezeichnet werden; andernfalls heiße S „regulär".

Das System sämtlicher Nullösungen $u_1, u_2, \ldots, u_m$ werde gemäß den Bedingungen

$$-\int_S \psi\, u_i\, u_j\, d\sigma = \begin{cases} 0 & \text{für } i \neq j, \\ 1 & \text{für } i = j \end{cases} \tag{3.2}$$

orthogonal und normiert angenommen.

Da die vorliegende homogene Integralgleichung bis auf den konstanten Faktor in dem Ausdruck ψ (vgl. die Fußnote [33])) mit der entsprechenden homogenen Integralgleichung in dem Fall Jacobischer oder Maclaurinscher Ellipsoide übereinstimmt, können wir als bekannt ansehen, daß die Eigenfunktionen Lamésche Funktionen sind[36]). Das gleiche gilt offenbar für die um einen reellen Parameter l_n erweiterte Integralgleichung

$$\psi\,\zeta + l_n \int_S \frac{1}{\varrho}\,\zeta'\, d\sigma' = 0. \tag{3.3}$$

Freilich gibt uns dies noch nicht die gewünschte Einsicht, welche der Laméschen Funktionen Nullösungen von (3.1) sind, weil ja die Bestimmung der Achsenverhältnisse in (2.14), (2.15) abweichend von der Festsetzung im Fall der Jacobischen Ellipsoide vorgenommen wurde. In diesem Fall erhält man bekanntlich die trivialen Nullösungen

$$u_1 = q_1'\, p\, Z, \qquad u_2 = q_2'\, p\, X\, Y \qquad (q_1', q_2' \text{ konstant}). \tag{3.4}$$

Hierbei entspricht u_1 einer beliebig kleinen Verschiebung des Körpers T längs der Z-Achse und u_2 einer beliebig kleinen Drehung um diese Achse. Die zugehörigen Eigenwerte haben hier vermöge der zwischen den Halbachsen des Ellipsoides und der Winkelgeschwindigkeit bestehenden Beziehungen beide den Wert 1. Weil nun bei dem vorgelegten Problem an ihre Stelle die hiervon wesentlich verschiedenen Beziehungen (2.14), (2.15) treten, braucht jetzt nicht mehr $l_n = 1$ zu sein.

Um leichteren Anschluß an das bereits zitierte Buch von Herrn Appell, das wir den weiteren Ausführungen prinzipiell zugrunde legen wollen, zu finden, führen wir durch die Gleichungen

$$\boldsymbol{x} = z, \qquad \boldsymbol{y} = y, \qquad \boldsymbol{z} = x \tag{3.6}$$

ein neues kartesisches Bezugssystem ein[37]). Des weiteren mögen ϱ, μ, ν die elliptischen Koordinaten des Punktes $(\boldsymbol{x}, \boldsymbol{y}, \boldsymbol{z})$ bedeuten. Auf S hat ϱ

---

[36]) Um uns im folgenden kürzer fassen zu können, sei bezüglich der Laméschen Funktionen auf das Buch von P. Appell, Traité de mécanique rationnelle **4**, Paris 1921, insbes. Chapitre IV u. VII verwiesen.

[37]) Die fett gedruckten kleinen lateinischen Buchstaben haben die a. a. O. [36]) ohne Fettdruck auftretenden Zeichen zu vertreten.

einen konstanten Wert $\varrho = \varrho^0$. Offenbar übernehmen jetzt die Koordinaten μ, ν die Rolle der weiter oben eingeführten Gaußschen Parameter ξ, η. Wir setzen ferner

$$(3.7)\quad a^2 = \varrho^{02} - \mathfrak{c}^2;\quad b^2 = \varrho^{02} - \mathfrak{b}^2;\quad c^2 = \varrho^{02} - \mathfrak{a}^2 \qquad (\mathfrak{c} < \mathfrak{b} < \mathfrak{a}).$$

Die Laméschen Funktionen erster Art seien durch

$$(3.8)\qquad R_k = R_k(\varrho^2),\quad M_k = M_k(\mu^2),\quad N_k = N_k(\nu^2)$$

bezeichnet, die mit R_k durch die Beziehung

$$(3.9)\qquad S_k = R_k \int\limits_{\infty}^{\varrho} \frac{2n+1}{R_k^2} \frac{\varrho\, d\varrho}{-\sqrt{(\varrho^2-\mathfrak{a}^2)(\varrho^2-\mathfrak{b}^2)(\varrho^2-\mathfrak{c}^2)}}$$

verbundene Lamésche Funktion zweiter Art durch $S_k = S_k(\varrho^2)$. Auf S schreiben wir kürzer R_k^0, S_k^0 für $R_k(\varrho^{02})$, $S_k(\varrho^{02})$. Endlich merken wir noch einige für das weitere nützliche Ergebnisse über die Laméschen Funktionen der niedrigsten Ordnungen an:

$$R_0^0 = 1,\quad M_0 = 1,\quad N_0 = 1 \qquad (\text{Ordnung } n = 0);$$

$$(3.10)\quad (n=1)\begin{cases} R_1^0 = c, & Z = x = h_1 R_1^0 M_1 N_1; & h_1^{-2} = (\mathfrak{a}^2 - \mathfrak{b}^2)(\mathfrak{a}^2 - \mathfrak{c}^2), \\ R_2^0 = b, & Y = y = h_2 R_2^0 M_2 N_2; & h_2^{-2} = (\mathfrak{b}^2 - \mathfrak{a}^2)(\mathfrak{b}^2 - \mathfrak{c}^2), \\ R_3^0 = a, & X = z = h_3 R_3^0 M_3 N_3; & h_3^{-2} = (\mathfrak{c}^2 - \mathfrak{a}^2)(\mathfrak{c}^2 - \mathfrak{b}^2), \end{cases}$$

$$(n=2)\begin{cases} R_4^0 = ab, & YZ = XY = h_2 h_3 R_4^0 M_4 N_4, \\ R_5^0 = ac, & ZX = XZ = h_3 h_1 R_5^0 M_5 N_5, \\ R_6^0 = bc, & XY = YZ = h_1 h_2 R_6^0 M_6 N_6. \end{cases}$$

Wir schreiben

$$(3.11)\qquad p = abc\, l_0 = R_1^0 R_2^0 R_3^0 l_0, \qquad (l_0 = l_0(\mu, \nu)).$$

Dann wird das Volumen des Flüssigkeitsellipsoids

$$(3.12)\qquad T = \frac{4\pi}{3} abc = \frac{4\pi}{3} R_1^0 R_2^0 R_3^0.$$

Wegen

$$(3.13)\qquad A = \frac{2\pi}{3} bc S_3^0 = \frac{T}{2}\frac{S_3^0}{R_3^0},\qquad B = \frac{2\pi}{3} ac S_2^0 = \frac{T}{2}\frac{S_2^0}{R_2^0},$$

$$C = \frac{2\pi}{3} ab S_1^0 = \frac{T}{2}\frac{S_1^0}{R_1^0}$$

erhält jetzt die Schwerkraft ψ die Form

$$(3.14)\qquad \psi = -\frac{4\pi}{3} R_2^0 S_2^0 \cdot \frac{1}{l_0}.$$

Wir machen ferner Gebrauch von dem Satz:

Jede in dem Rechteck $c \leqq v \leqq b$, $b \leqq \mu \leqq a$ nebst ihren partiellen Ableitungen bis einschließlich zweiter Ordnung stetige Funktion läßt eine Darstellung in Form einer nach Laméschen Produkten fortschreitenden, absolut und gleichmäßig konvergenten Reihe

$$\sum_{k=0}^{\infty} \beta_k M_k N_k \tag{3.15}$$

zu[38]). Die Laméschen Produkte erfüllen weiter die Orthogonalitätsrelation

$$\int_S l_0 M_k N_k M_j N_j = 0, \tag{3.16}$$

wobei $M_k N_k$ und $M_j N_j$ entweder von verschiedener Ordnung sind oder von derselben Ordnung, aber dann verschiedene Lösungen der sie definierenden Differentialgleichung derselben Ordnung n repräsentieren.

Aus der Definitionsgleichung der Nullösungen von (3.3)

$$\psi u_n = - l_n \int_S \frac{1}{\varrho} u_n' \, d\sigma' \tag{3.17}$$

und gewissen Eigenschaften des Newtonschen Potentials[39]) einer einfachen Flächenbelegung folgt, daß u_n stetige partielle Ableitungen bis zur zweiten Ordnung einschließlich hat.

Läßt sich die Dichte ζ einer einfachen Flächenbelegung auf S in eine nach Laméschen Produkten fortschreitende Reihe der Form

$$\zeta = l_0 \sum \beta_k M_k N_k \tag{3.18}$$

entwickeln, so folgt, wie man in der Theorie der Laméschen Funktionen zeigt, für das Newtonsche Potential dieser Belegung die Darstellungsweise

$$V_0 = \sum \frac{4\pi \beta_k}{2n+1} R_k^0 S_k^0 M_k N_k. \tag{3.19}$$

Wenden wir diesen Satz auf die Integralgleichung (3.17) an, so bestimmen sich die Eigenwerte l_k zu

$$l_k = \frac{2n+1}{3} \frac{R_2^0 S_2^0}{R_k^0 S_k^0}. \tag{3.20}$$

Die zugehörigen Eigenfunktionen sind von der Form

$$u_k = \hat{k} p M_k N_k \qquad (\hat{k} \text{ konstant}). \tag{3.21}$$

---

[38]) Siehe beispielsweise R. Courant und D. Hilbert, Methoden der mathematischen Physik, I, Berlin 1924, S. 270.

[39]) Da das Potential u_n in (3.17) bis auf einen Faktor zugleich die Dichte der auf S ausgebreiteten Massenbelegung darstellt, folgt die Behauptung durch iterierte Anwendung bekannter Sätze. Vgl. insbesondere den Artikel von L. Lichtenstein, Neuere Entwicklung der Potentialtheorie, Encyklopädie der Math. Wiss. 2, 3, Heft 3, S. 201ff. und loc. cit. [7]), II. Abh. S. 149ff.

Es liegen nun allemal Nullösungen von (3.1) vor, wenn $l_k = 1$ ist. Es muß also der Ausdruck

$$(3.22)\qquad \frac{R_2^0 S_2^0}{3} - \frac{R_k^0 S_k^0}{2n+1} = F$$

für das betreffende Ellipsoid verschwinden,

$$(3.23)\qquad \frac{R_2^0 S_2^0}{3} - \frac{R_k^0 S_k^0}{2n+1} = 0.$$

Die Achsenverhältnisse der höchstens abzählbar unendlich vielen ($k = 0, 1, 3, \ldots$) singulären Figuren müssen diesen transzendenten Gleichungen (3.23) genügen. Für den Zeigerwert $k = 2$ ist die Gleichung (3.23) stets erfüllt, gleichgültig welches Ellipsoid der beiden ursprünglichen Reihen zugrunde gelegt wird; mithin stellt

$$(3.24)\qquad u_2 = \hat{k}\, p\, M_2\, N_2$$

die triviale Nullösung von (3.1) dar.

Schwarzschild[40]) wird gelegentlich der Behandlung desselben Problems im Rahmen der Poincaréschen Theorie auf ganz analoge Beziehungen zu (3.23) geführt, die in jener Auffassung für die Fragen des Stabilitätscharakters und der möglichen Abzweigungen von grundlegender Bedeutung sind. In unserer Bezeichnungsweise sind es die Ausdrücke

$$(3.25)\qquad 1 - \frac{3\, R_k^0 S_k^0}{(2n+1)\, R_2^0 S_2^0},$$

die als „Stabilitätskoeffizienten" auftreten und von deren Vorzeichenwechsel die Stabilität der Rocheschen Ellipsoide abhängt. Da sich die vollständige Diskussion der Gleichungen (3.25), somit auch diejenige der Gleichungen (3.23) bereits bei Schwarzschild[41]) durchgeführt findet und auch leicht an Hand der in loc. cit.[36]) behandelten analogen Beziehungen im Falle der Jacobischen Ellipsoide vorgenommen werden kann, sei der Kürze halber nur das Ergebnis, das demjenigen des ersten Teiles analog ist (vgl. § 4 des ersten Teiles), mitgeteilt.

Die homogene Integralgleichung (3.1) *besitzt stets die triviale Nulllösung* $u_2 = \hat{k}\, p\, M_2\, N_2$. *Für abzählbar unendlichviele* (sich gegen die Figur vom „nadelförmigen" Charakter häufende) *Ellipsoide, die sämtlich der Reihe stärker abgeplatteter Ausgangsfiguren angehören, treten zu der trivialen weitere Nullösungen der Form*

$$(3.26)\qquad u_3^{(n)} = k\, p\, M_k\, N_k$$

hinzu. Hierbei bedeuten M_k, N_k Lamésche Funktionen n-ter Ordnung.

---

[40]) K. Schwarzschild, Die Poincarésche Theorie des Gleichgewichts einer homogenen rotierenden Flüssigkeitsmasse. (Diss.) Neue Ann. der K. Sternwarte in München 3 (1898), S. 1—69.

[41]) Vgl. loc. cit. [40]) S. 284.

§ 4.

Schlußwort.

Im regulären Fall läßt sich nun der Existenzbeweis unter Benutzung der Kernzerspaltung und durch sukzessive Approximationen in der üblichen Weise erbringen. Man sieht leicht, daß die hierzu erforderlichen Bedingungen erfüllt sind. *Für alle hinreichend kleinen Werte von* $|s|$, $|w_1|$, $|w_2|$, $|\lambda|$, $|h|$ *ist eine und nur eine einzige bezüglich der Ebene* $z = 0$ *symmetrische Lösung* ζ *der fundamentalen Integro-Differentialgleichung des Problems* (2.24) *vorhanden.* Im regulären Fall ist insbesondere $w_1 = w_2 = 0$. Entsprechend der linearen Reihe der Ausgangsfiguren schließen sich die regulären Figuren „streckenweise" zu linearen Reihen zusammen. Von der Reihe der stärker abgeplatteten können möglicherweise an abzählbar unendlichvielen Stellen neue Figuren abgehen, und es könnte hier der Zusammenhang der linearen Reihen unterbrochen sein. Zur Entscheidung dieser Frage müßte man, was überaus komplizierte Rechnungen erforderte, höhere Glieder, mindestens solche von zweiter Ordnung, zur Diskussion der Verzweigungsgleichung heranziehen.

Noch ein Wort über den singulären Fall $n = 2$. *Er führt zu keinen neuen Figuren, da sich, wie man in Analogie zu den Betrachtungen im ebenen Fall sieht, in der zugehörigen Verzweigungsgleichung* w_1 *und* w_2 *eindeutig durch* λ, h *und* s *bestimmen lassen.*

Dritter Teil.

Ringförmige Gleichgewichtsfiguren mit Zentralkörper.[42])

§ 1.

Problemstellung.

Während die ringförmigen Gleichgewichtsfiguren ohne Zentralkörper, deren Meridiankurve sich wenig von einem Kreise unterscheidet, in neuerer Zeit eine völlig strenge und befriedigende Behandlung erfahren haben[43]), steht die Frage noch offen, ob sich auf dem gleichen Wege der Existenzbeweis ringförmiger Gleichgewichtsfiguren bei Vorhandensein eines Zentralkörpers führen läßt. Im folgenden soll gezeigt werden, daß dies tatsächlich der Fall ist, indem wir Figuren betrachten, deren Meridianschnitt sich wenig von einer Ellipse unterscheidet. Diese Annahme wird besonders durch die Ausführungen des ersten Teiles nahegelegt. Übrigens werden wir, ohne hier-

---

[42]) Die Bezeichnungsweise weicht im vorliegenden stellenweise von derjenigen der ersten beiden Teile ab.

[43]) Vgl. L. Lichtenstein, loc. cit. [8]), III. Abhandlung.

durch eine wesentliche Einschränkung unserer Resultate herbeizuführen, den Zentralkörper durch eine punktförmige Masse ersetzen können. Durch Hinzunahme eines geeigneten, von einem kleinen Parameter abhängigen Außenfeldes, wird man leicht zu dem Fall eines Zentralkörpers von kugelähnlicher Gestalt übergehen können[44]). Die nachfolgenden Betrachtungen werden sich sowohl auf die Ergebnisse bei den Ringfiguren ohne Zentralkörper als auch auf die beiden vorangegangenen Teile über das ebene und räumliche Rochesche Problem stützen.

Zunächst legen wir den folgenden Ausführungen ein räumliches kartesisches Achsenkreuz (x, y, z), in dessen Ursprung sich die punktförmige Masse M befindet, zugrunde. Die Punkte der durch $y = 0$ bestimmten Ebene $\mathfrak{E}$ mögen überdies auf ein neues, durch die Gleichungen

$$(1.1) \qquad x = L + \mathfrak{x}, \quad z = \mathfrak{z} \qquad (L > 0)$$

mit dem ursprünglichen verknüpftes ebenes System $(\mathfrak{x}, \mathfrak{z})$ bezogen werden. Der Ursprung dieses neuen Systems sei zugleich der Mittelpunkt einer durch die Relation

$$(1.2) \qquad \frac{\mathfrak{x}^2}{R_1^2} + \frac{\mathfrak{z}^2}{R_2^2} = 1$$

definierten Ellipse Σ mit den Halbachsen R_1 und R_2. Läßt man die Ebene $\mathfrak{E}$ um die z-Achse rotieren, so beschreibt dabei die Ellipsenfläche Θ einen ringförmigen Körper T mit elliptischem Meridianschnitt. Die Oberfläche dieses Rotationskörpers werde mit S bezeichnet.

Denken wir uns jetzt den Körper T mit homogener, gravitierender, inkompressibler Flüssigkeit der Dichte f erfüllt und mit der konstanten Winkelgeschwindigkeit ω wie ein starrer Körper um die z-Achse rotieren. Wir fragen erstlich, *ob T unter der Einwirkung der Zentralmasse M bei passender Wahl von ω und $R_1 : R_2$ und für kleine Werte von $\frac{R_1}{L}, \frac{R_2}{L}\log\frac{8L}{R}$ nahezu eine Figur relativen Gleichgewichts darstellt*, und zweitens, *ob sich in einer Nachbarschaft erster Ordnung von S weitere geschlossene Umdrehungsflächen S_1*[45]) *mit stetiger Normale auffinden lassen, die für einen von ω wenig verschiedenen Wert ω_1 der Winkelgeschwindigkeit exakte Gleichgewichtsfiguren einschließen.*

Es bezeichne $\varkappa$ die Gaußsche Gravitationskonstante, $\varkappa f V(x, y, z)$ bzw. $\varkappa f G(x, y, z)$ das Newtonsche Potential des Ringkörpers bzw. der Zentralmasse im Punkt (x, y, z); ferner werde $V(X, O, Z) = \mathfrak{W}(\mathfrak{X}, \mathfrak{Z})$, $G(X, O, Z) = \mathfrak{G}(\mathfrak{X}, \mathfrak{Z})$ gesetzt, wobei (X, Y, Z) bzw. $(X, O, Z) = (\mathfrak{X}, \mathfrak{Z})$ stets einen auf S bzw. Σ gelegenen Punkt bezeichnet. Da S und S_1

---

[44]) Diese Bemerkung gilt ebenso für die Problemstellung des zweiten Teiles und mutatis mutandis im ebenen Fall.

[45]) Als Rotationsachse gilt die Gerade $x = y = 0$.

Rotationsflächen sind, bedeutet es gewiß keine Einschränkung, wenn wir die Gleichgewichtsbedingung speziell für einen auf Σ gelegenen Punkt anschreiben

$$(1.3)\qquad \mathfrak{W}(\mathfrak{X}, \mathfrak{Z}) + \frac{\omega^2}{2\varkappa f}(L + \mathfrak{X})^2 + \mathfrak{G}(\mathfrak{X}, \mathfrak{Z}) = s_0 + \Psi \qquad (s_0 \text{ konstant}),$$

unter $\Psi = \Psi(\mathfrak{X}, \mathfrak{Z})$ eine geeignete Korrektionsfunktion verstanden.

§ 2.

Potential des Ringkörpers T in einem Punkte seiner Oberfläche S.

Das Newtonsche Potential einer in der Ebene $z = z_0$ mit dem Halbmesser l um den Punkt (O, O, z_0) beschriebenen und mit Masse der Dichte 1 belegten Kreislinie lautet bekanntlich

$$(2.1)\qquad \mathfrak{V}(\mathfrak{X}, \mathfrak{Z}; \alpha, \gamma) = \left(\log\frac{2l}{d}\right)\left\{2 - \frac{X-l}{l} - \frac{d^2}{8l^2} + \frac{3}{4}\frac{(X-l)^2}{l^2} + O\left(\frac{d^3}{l^3}\right)\right\}$$
$$+ 2\log 4 + (1 - \log 4)\frac{X-l}{l} + O\left(\frac{d^2}{l^2}\right).$$ [46]

Hierbei ist

$$(2.2)\qquad \begin{gathered} X = L + \mathfrak{X};\quad Z = \mathfrak{Z};\quad l = L + \alpha;\quad \gamma = z_0; \\ d^2 = (\mathfrak{X} - \alpha)^2 + (\mathfrak{Z} - \gamma)^2. \end{gathered}$$

Für das Newtonsche Potential des Ringkörpers T im Aufpunkt $(\mathfrak{X}, \mathfrak{Z})$ erhalten wir nach (2.1)

$$(2.3)\qquad \mathfrak{W}(\mathfrak{X}, \mathfrak{Z}) = \int_\Theta \mathfrak{V}(\mathfrak{X}, \mathfrak{Z}; \alpha, \gamma)\, d\alpha\, d\gamma$$
$$= \int_\Theta \log\frac{2L}{d}\left\{2 - \frac{\mathfrak{X}-\alpha}{L} + \frac{(\mathfrak{X}-\alpha)\alpha}{L^2} + \frac{3}{4}\frac{(\mathfrak{X}-\alpha)^2}{L^2} - \frac{d^2}{8L^2}\right\} d\alpha\, d\gamma$$
$$+ \int_\Theta \left\{2\log 4 + (1 - \log 4)\frac{\mathfrak{X}-\alpha}{L} + 2\frac{\alpha}{L}\right\} d\alpha\, d\gamma + O\left(\frac{R^2}{L^2}\right)$$
$$(R = \operatorname{Max}(R_1, R_2)).$$

Da die $\mathfrak{x}$-Koordinate des Schwerpunktes der Ellipsenscheibe Θ verschwindet, gilt

$$(2.4)\qquad \int_\Theta \alpha\, d\alpha\, d\gamma = 0.$$

Das Trägheitsmoment der Ellipse in bezug auf die $\mathfrak{z}$-Achse hat den Wert

$$(2.5)\qquad \int_\Theta \alpha^2\, d\alpha\, d\gamma = \frac{\pi}{4} R_1^3 R_2.$$

Endlich ist

$$(2.6)\qquad \int_\Theta \log\frac{2L}{d}\, d\alpha\, d\gamma = D - A\mathfrak{X}^2 - B\mathfrak{Z}^2,$$

---

[46]) Vgl. L. Lichtenstein, loc. cit. [8]), III. Abhandlung, S. 106, Formel (32).

da die linke Seite gerade das logarithmische Potential der mit Masse der Dichte 1 belegten Ellipsenfläche Θ darstellt; die Konstanten A, B, D haben die Werte

$$(2.7)\quad A=\pi\frac{R_2}{R_1+R_2},\quad B=\pi\frac{R_1}{R_1+R_2},\quad D=\pi R_1 R_2\left[\frac{1}{2}+\log\frac{4L}{R_1+R_2}\right].$$

Setzen wir hier noch wie im ersten Teil

$$(2.8)\qquad r=\frac{R_1-R_2}{R_1+R_2}\quad\text{bzw.}\quad\frac{R_2}{R_1}=\frac{1-r}{1+r},$$

so gilt

$$A=\pi\frac{1-r}{2},\quad B=\pi\frac{1+r}{2},\quad D=\pi R_1 R_2\left[\frac{1}{2}+\log\frac{2L}{R_1}(1+r)\right],$$ [47])

und darum nach Elimination von $\mathfrak{Z}^2$ gemäß (1.2)

$$(2.9)\quad \int\limits_{\Theta}\log\frac{2L}{d}\,d\alpha\,d\gamma=\pi R_1 R_2\left[\frac{r}{2}+\log\frac{2L}{R_1}(1+r)\right]-\pi r\frac{1-r}{1+r}\mathfrak{X}^2.$$

Für die Auswertung des Integrals

$$(2.10)\qquad J_1=\int\limits_{\Theta}\frac{\alpha}{L}\log\frac{2L}{d}\,d\alpha\,d\gamma$$

bemerken wir, daß die Divergenz des Vektors mit den Komponenten

$$(2.11)\qquad P=\frac{\alpha(\alpha-\mathfrak{X})}{3L}\log\frac{2L}{d},\quad Q=\frac{\alpha(\gamma-\mathfrak{Z})}{3L}\log\frac{2L}{d}$$

$$(d^2=(\mathfrak{X}-\alpha)^2+(\mathfrak{Z}-\gamma)^2)$$

gerade den Wert

$$(2.12)\qquad \frac{\partial P}{\partial\alpha}+\frac{\partial Q}{\partial\gamma}=\frac{\alpha}{L}\log\frac{2L}{d}-\frac{\mathfrak{X}}{3L}\log\frac{2L}{d}-\frac{\alpha}{3L}$$

hat. Daher liefert die Gaußsche Transformationsformel nach Ausschluß einer Kreisfläche von beliebig kleinem Radius $\hat{\varrho}$ um den Punkt $(\mathfrak{X}, \mathfrak{Z})$ und nachfolgenden Übergang zur Grenze $\hat{\varrho}\to 0$ unter Berücksichtigung der Beziehungen (2.4) und (2.9)

$$(2.13)\quad \int\limits_{\Theta}\frac{\alpha}{L}\log\frac{2L}{d}\,d\alpha\,d\gamma=\frac{1}{3L}\int\limits_{\Theta}\alpha\,d\alpha\,d\gamma+\frac{\mathfrak{X}}{3L}\int\limits_{\Theta}\log\frac{2L}{d}\,d\alpha\,d\gamma+\int\limits_{\Sigma}(P'a'+Q'c')\,ds'$$

$$=\pi R_1 R_2\frac{\mathfrak{X}}{3L}\left[\frac{r}{2}+\log\frac{2L}{R_1}(1+r)\right]-\pi r\frac{1-r}{1+r}\mathfrak{X}^2\frac{\mathfrak{X}}{3L}+\int\limits_{\Sigma}(P'a'+Q'c')\,ds',$$

wobei s' den Punkt $(\mathfrak{X}', \mathfrak{Z}')$ auf Σ, ds' das Bogenelement in diesem Punkt, a' und c' die Richtungskosinus der Außennormale (ν') in $(\mathfrak{X}', \mathfrak{Z}')$, endlich P' bzw. Q' den Wert bezeichnet, den P und Q erhalten, wenn α durch $\mathfrak{X}'$, γ durch $\mathfrak{Z}'$ ersetzt wird. Ziehen wir auch hier wie im Rocheschen Fall

[47]) Vgl. Formel (2.3) des ersten Teiles.

in der Ebene die exzentrische Anomalie ψ zur Parameterdarstellung der Ellipse Σ heran, so gilt wie dort

$$\mathfrak{X} = R_1 \cos\psi, \quad \mathfrak{X}' = R_1 \cos\psi' \tag{2.14}$$
$$\mathfrak{Z} = R_2 \sin\psi, \quad \mathfrak{Z}' = R_2 \sin\psi' \qquad (0 \leqq \psi < 2\pi);$$

$$a' = \frac{\mathfrak{X}'}{R_1^2} p', \quad c' = \frac{\mathfrak{Z}'}{R_2^2} p', \quad ds' = \frac{R_1 R_2}{p'} d\psi',$$

$$p' = p(\psi') = \left(\frac{\mathfrak{X}'^2}{R_1^4} + \frac{\mathfrak{Z}'^2}{R_2^4}\right)^{-\frac{1}{2}}.$$

Setzen wir noch (vgl. die Formel (4.5) des ersten Teiles)

$$\bar{\varrho}^2 = (\mathfrak{X}' - \mathfrak{X})^2 + (\mathfrak{Z}' - \mathfrak{Z})^2 = \frac{4R_1^2}{(1+r)^2} \sin^2\frac{\vartheta}{2} [1 + r^2 - 2r\cos\tau] \tag{2.15}$$
$$\begin{pmatrix} \vartheta = \psi' - \psi, \\ \tau = \psi' + \psi \end{pmatrix},$$

so läßt sich schreiben

$$\int_\Sigma (P'a' + Q'c')\, ds' = \frac{R_1 R_2}{3L} \int_0^{2\pi} \left[(\mathfrak{X}' - \mathfrak{X}) \frac{\mathfrak{X}'}{R_1^2} + (\mathfrak{Z}' - \mathfrak{Z}) \frac{\mathfrak{Z}'}{R_2^2}\right] \mathfrak{X}' \log \frac{2L}{\bar{\varrho}}\, d\psi' \tag{2.16}$$
$$= \frac{R_1^2 R_2}{3L} \int_0^{2\pi} \left[-\frac{1}{2}\cos\psi + \cos\psi' - \frac{1}{2}\cos 2\psi' \cos\psi - \frac{1}{2}\sin 2\psi' \sin\psi\right] \log\frac{2L}{\bar{\varrho}}\, d\psi'.$$

Aus den Formeln

$$\int_0^{2\pi} \left(\log\frac{2L}{\bar{\varrho}}\right) \cos m\psi'\, d\psi' = \frac{\pi}{m}(1 + r^m) \cos m\psi,$$
$$\int_0^{2\pi} \left(\log\frac{2L}{\bar{\varrho}}\right) \sin m\psi'\, d\psi' = \frac{\pi}{m}(1 - r^m) \sin m\psi, \qquad (m \geqq 1,\ \text{ganzzahlig}), \tag{2.17}$$
$$\int_0^{2\pi} \log\frac{2L}{\bar{\varrho}}\, d\psi' = 2\pi \log\frac{2L}{R_1}(1 + r)$$

folgt nunmehr

$$\int_\Sigma (P'a' + Q'c')\, ds' \tag{2.18}$$
$$= \pi R_1 R_2 \frac{\mathfrak{X}}{3L}\left[\frac{3}{4}\left(1 + \frac{4}{3}r + r^2\right)\right) - \log\frac{4L}{R_1 + R_2}\right] - \pi r^2 \frac{1-r}{1+r} \mathfrak{X}^2 \frac{\mathfrak{X}}{3L}.$$

Daher und wegen (2.13) erhalten wir schließlich

$$\int_\Theta \frac{\alpha}{L} \log\frac{2L}{d}\, d\alpha\, d\gamma = \pi R_1 R_2 (1 + r)^2 \frac{\mathfrak{X}}{4L} - \pi r(1 - r) \mathfrak{X}^2 \frac{\mathfrak{X}}{3L}.\text{[48]} \tag{2.19}$$

[48]) Diese Formel geht für $R_1 = R_2$, $r = 0$ in die loc. cit. [8]), III, S. 107 angeführte Beziehung (38) über.

Ersetzen wir hier $\mathfrak{X}$, R_1, R_2, r durch $\mathfrak{Z}$, R_2, R_1, $-r$, so ergibt sich

$$(2.20)\quad \int\limits_{\Theta} \frac{\gamma}{L} \log \frac{2L}{d}\, d\alpha\, d\gamma = \pi R_1 R_2 (1-r)^2 \frac{\mathfrak{Z}}{4L} + \pi r(1+r)\mathfrak{Z}^2 \frac{\mathfrak{Z}}{3L}.$$

Das Integral

$$(2.21)\quad \int\limits_{\Theta} \frac{\alpha^2}{L^2} \log \frac{2L}{d}\, d\alpha\, d\gamma = J_2$$

auszuwerten, verfahren wir jetzt ganz analog. Sind

$$(2.22)\quad \overline{P} = \frac{\alpha^2(\alpha-\mathfrak{X})}{4L^2} \log \frac{2L}{d}, \qquad \overline{Q} = \frac{\alpha^2(\gamma-\mathfrak{Z})}{4L^2} \log \frac{2L}{d}$$

die Komponenten eines Vektors, so lautet seine Divergenz

$$(2.23)\quad \frac{\partial \overline{P}}{\partial \alpha} + \frac{\partial \overline{Q}}{\partial \gamma} = \frac{\alpha^2}{L^2} \log \frac{2L}{d} + \frac{\mathfrak{X}}{2L} \cdot \frac{\alpha}{L} \log \frac{2L}{d} - \frac{\alpha^2}{4L^2}.$$

Mithin wird wegen (2.5), (2.19) und unter Anwendung der Gaußschen Formel

$$(2.24)\quad J_2 = \frac{\pi R_1^3 R_2}{16L^2} + \pi R_1 R_2 (1+r)^2 \frac{\mathfrak{X}^2}{8L^2} - \pi r(1-r)\mathfrak{X}^2 \frac{\mathfrak{X}^2}{6L^2}$$
$$+ \int\limits_{\Sigma} (\overline{P}'a' + \overline{Q}'c')\, ds'.$$

Trägt man die in (2.22) angeschriebenen Ausdrücke für $\overline{P}$ und $\overline{Q}$ in das letzte Integral ein, so folgt nach (2.14)

$$(2.25)\quad \int\limits_{\Sigma} (\overline{P}'a' + \overline{Q}'c')\, ds' = \frac{R_1 R_2}{4L^2} \int\limits_0^{2\pi} \left[(\mathfrak{X}'-\mathfrak{X}) \frac{\mathfrak{X}'}{R_1^2} + (\mathfrak{Z}'-\mathfrak{Z}) \frac{\mathfrak{Z}'}{R_2^2} \right] \mathfrak{X}'^2 \log \frac{2L}{\overline{\varrho}}\, d\psi'$$
$$= \frac{R_1^3 R_2}{4L^2} \int\limits_0^{2\pi} \left[\frac{1}{2} - \frac{3}{4} \cos\psi' \cos\psi - \frac{1}{4} \sin\psi' \sin\psi + \frac{1}{2} \cos 2\psi' \right.$$
$$\left. - \frac{1}{4} \cos 3\psi' \cos\psi - \frac{1}{4} \sin 3\psi' \sin\psi \right] \log \frac{2L}{\overline{\varrho}}\, d\psi'$$

und endgültig wegen (2.17)

$$(2.26)\quad \int\limits_{\Sigma} (\overline{P}'a' + \overline{Q}'c')\, ds'$$
$$= \pi R_1 R_2 \frac{R_1^2}{4L^2} \log \frac{4L}{R_1+R_2} - \pi R_1 R_2 \frac{R_1^2}{48L^2} (5 - 3r + 3r^2 + r^3)$$
$$- \pi R_1 R_2 \frac{\mathfrak{X}^2}{24L^2} (1 + 6r - 3r^2 - 4r^3) - \pi r^3 \frac{1-r}{1+r} \frac{\mathfrak{X}^4}{6L^2}.$$

Nunmehr können wir für (2.24) schreiben

$$(2.27)\qquad \int_\Theta \frac{\alpha^2}{L^2}\log\frac{2L}{d}\,d\alpha\,d\gamma$$

$$= \pi R_1 R_2 \frac{R_1^2}{4L^2}\log\frac{4L}{R_1+R_2} - \pi R_1 R_2 (2-3r+3r^2+r^3)\frac{R_1^2}{48L^2}$$

$$+ \pi R_1 R_2 (2+6r^2+4r^3)\frac{\mathfrak{X}^2}{24L^2} - \pi r\frac{1-r^3}{1+r}\mathfrak{X}^2\frac{\mathfrak{X}^2}{6L^2}.$$ [49]

In einer ganz ähnlichen Weise ergibt sich

$$(2.28)\qquad \int_\Theta \frac{\gamma^2}{L^2}\log\frac{2L}{d}\,d\alpha\,d\gamma$$

$$= \pi R_1 R_2 \frac{R_2^2}{4L^2}\log\frac{4L}{R_1+R_2} - \pi R_1 R_2 (2+3r+3r^2-r^3)\frac{R_2^2}{48L^2}$$

$$+ \pi R_1 R_2 (2+6r^2-4r^3)\frac{\mathfrak{Z}^2}{24L^2} + \pi r\frac{1+r^3}{1-r}\mathfrak{Z}^2\frac{\mathfrak{Z}^2}{6L^2}.$$

Da man den Ausdruck in der geschweiften Klammer unter dem ersten Integral der rechten Seite von (2.3) in die Form

$$(2.29)\qquad \left\{\left(2-\frac{\mathfrak{X}}{L}+\frac{5\mathfrak{X}^2-\mathfrak{Z}^2}{8L^2}\right)+\left(1-\frac{\mathfrak{X}}{4L}\right)\frac{\alpha}{L}+\frac{\mathfrak{Z}\gamma}{4L^2}-\frac{3\alpha^2}{8L^2}-\frac{\gamma^2}{8L^2}\right\}$$

bringen kann, liefern die Ausdrücke (2.4), (2.5), (2.9), (2.20), (2.19), (2.27), (2.28), in (2.3) eingesetzt, nach einer leichten Umformung

$$(2.30)\qquad \mathfrak{W}(\mathfrak{X},\mathfrak{Z}) = 2\pi R_1 R_2 \log\frac{16L}{R_1 R_2} + \pi r R_1 R_2 - 2\pi r\frac{1-r}{1+r}\mathfrak{X}^2$$

$$- \pi R_1 R_2 \frac{\mathfrak{X}}{L}\log\frac{16L}{R_1+R_2} + \pi R_1 R_2\frac{\mathfrak{X}}{4L}(5+r^2) + \pi r\frac{1-r}{1+r}(2-r)\mathfrak{X}^2\frac{\mathfrak{X}}{3L}$$

$$+ \pi R_1 R_2 \frac{R_1^2}{L^2}\left[\frac{\mathfrak{X}^2}{4R_1^2}\,\frac{3+4r+3r^2}{(1+r)^2} - \frac{1}{8}\,\frac{2-r+2r^2}{(1+r)^2}\right]\log\frac{16L}{R_1+R_2} + O\left(\frac{R^2}{L^2}\right).$$ [50]

Die Terme in der ersten Zeile rechter Hand stellen gerade das Newtonsche Potential eines unendlich langen geraden Zylinders von elliptischem Querschnitt in einem Randpunkt dar.

---

[49] Der Ausdruck rechter Hand in (2.27) geht für $R_1 = R_2$ $(r=0)$ in den loc. cit. [8]), III, S. 107, Formel (39) angegebenen über.

[50] Bis auf den Koeffizienten $\frac{1}{4}$ statt $\frac{1}{16}$ in der eckigen Klammer wird (2.30) für $R_1 = R_2$ mit der Beziehung (40) in loc. cit. [8]), III, S. 108 identisch. Auf diese für die weiteren Entwicklungen unwesentliche Unstimmigkeit ist schon in der Note von V. Garten und K. Maruhn, Untersuchungen über die Gestalt der Himmelskörper, eine aus zwei getrennten Ringkörpern bestehende Gleichgewichtsfigur rotierender Flüssigkeit, Math. Zeitschr. **35** (1932)), S. 154–160, hingewiesen worden. Vgl. Fußnote [6]) der genannten Arbeit.

§ 3.
Vorbereitende Betrachtungen.

Ein Blick auf Formel (2.30) lehrt, daß wir für hinreichend kleine Werte von $h = \left|\frac{R}{L}\right|$, $k = \left|\frac{R}{L}\log\frac{8L}{R}\right|$ eine beliebig gute Annäherung an das gestellte Problem erreichen, wenn wir den Ringkörper T durch einen unbegrenzten, geraden Zylinder mit der Ellipse Θ als Normalschnitt ersetzen.

Wir wenden uns jetzt der Frage zu, wie das Verhältnis der Halbachsen und der Wert der Winkelgeschwindigkeit zu bestimmen sind, damit T annäherungsweise eine Gleichgewichtsfigur darstellt. Beschränken wir uns zunächst auf die ersten Glieder von (2.30)

$$(3.1)\quad \mathfrak{W}(\mathfrak{X},\mathfrak{Z}) = 2\pi R_1 R_2 \log\frac{16L}{R_1+R_2} + \pi r R_1 R_2 - 2\pi r\frac{1-r}{1+r}\mathfrak{X}^2 + O(k).$$

Das von der Anziehung der Zentralmasse M herrührende Potential $\mathfrak{G}(\mathfrak{X},\mathfrak{Z})$ läßt sich für hinreichend kleine Werte von h, etwa

$$(3.2)\quad |h| \leqq h^*,$$

nach Potenzen von h entwickeln[51]):

$$(3.3)\quad \mathfrak{G}(\mathfrak{X},\mathfrak{Z}) = \frac{M}{2fL^3}[2L^2 - 2\mathfrak{X}L + (2\mathfrak{X}^2 - \mathfrak{Z}^2) + R^2 O(h)].$$

Unter Verwendung der Beziehungen (3.1) und (3.3) erhält die Gleichgewichtsbedingung (1.3) die Gestalt

$$\begin{aligned} &2\pi R_1 R_2 \log\frac{16L}{R_1+R_2} + \pi r R_1 R_2 + \frac{\omega^2}{2\varkappa f}L^2 + \frac{M}{2fL^3}(2L^2 - R_2^2) - s_0 \\ &+ \left(\frac{\omega^2}{\varkappa f} - \frac{M}{fL^3}\right)\mathfrak{X}L + \left(\frac{\omega^2}{2\varkappa f} + \frac{M}{2fL^3}\,\frac{3+2r+3r^2}{(1+r)^2} - 2\pi r\frac{1-r}{1+r}\right)\mathfrak{X}^2 + R^2 O(k) = \Psi(\mathfrak{X},\mathfrak{Z}). \end{aligned}$$

Treffen wir jetzt über die Konstante s_0, den Wert ω der Winkelgeschwindigkeit und das Achsenverhältnis der Ellipse Θ die Festsetzungen

$$(3.5)\quad s_0 = 2\pi R_1 R_2 \log\frac{16L}{R_1+R_2} + \pi r R_1 R_2 + \frac{\omega^2}{2\varkappa f}L^2 + \frac{M}{2fL^3}(2L^2 - R_2^2),$$

$$(3.6)\quad \frac{\omega^2}{\varkappa f} = \frac{M}{fL^3},$$

$$(3.7)\quad \frac{\omega^2}{2\varkappa f} + \frac{M}{2fL^3}\,\frac{3+2r+3r^2}{(1+r)^2} = 2\pi r\frac{1-r}{1+r},$$

so folgt unmittelbar die Aussage über die Größenordnung der Korrektionsfunktion Ψ

$$(3.8)\quad \Psi(\mathfrak{X},\mathfrak{Z}) = R^2 O(k).$$

---

[51]) Vgl. Formel (1.8) des zweiten Teiles.

Unter den angeschriebenen Bedingungen läßt sich demnach die Funktion $\Psi(\mathfrak{X}, \mathfrak{Z})$ in der Tat mit den Parametern h und k beliebig klein machen, der Ringkörper T stellt näherungsweise eine Gleichgewichtsfigur dar.

Der in (3.6) angegebene Wert der Winkelgeschwindigkeit ist derselbe, den man einem kleinen, im gleichen Abstand um M kreisenden Satelliten nach dem dritten Keplerschen Gesetze beizulegen hätte.

Die Beziehung (3.7) läßt sich nun wegen (3.6) einfacher

$$\frac{\omega^2}{\pi\varkappa f} = \frac{r(1-r^2)}{1+r+r^2} \tag{3.9}$$

schreiben. Setzen wir noch

$$\Omega = \frac{\omega^2}{\pi\varkappa f}, \tag{3.10}$$

so können wir sie auch in die Form

$$\Omega = r\frac{(1-r^2)(1-r)}{1-r^3} \tag{3.11}$$

bringen. Hieraus und aus den Relationen

$$\Omega \geqq 0; \quad \frac{1-r}{1+r} = \frac{R_2}{R_1} > 0, \quad \text{d. h.} \quad r^2 < 1 \tag{3.12}$$

schließt man ohne weiteres, daß $r > 0$, also $R_1 > R_2$ ist. Die größere der beiden Halbachsen R_1, R_2 ist also auf das Attraktionszentrum M hin gerichtet.

Zur Bestimmung des Achsenverhältnisses $r = \frac{R_1 - R_2}{R_1 + R_2}$ $(0 \leqq r \leqq 1)$ als Funktion der Winkelgeschwindigkeit erhalten wir durch eine leichte Umformung aus der Beziehung (3.9) die Gleichung dritten Grades in r

$$f(r) \equiv r^3 + \Omega r^2 + (\Omega - 1)r + \Omega = 0, \tag{3.13}$$

die ganz ähnlich der entsprechenden quadratischen Bestimmungsgleichung von r im ebenen Rocheschen Fall (vgl. I (2.16)) gebildet ist, und zugleich das Analogon für die beiden transzendenten Gleichungen II, (1.14), (1.15) darstellt.

Von ihren Wurzeln fallen höchstens zwei in das zur Diskussion stehende Intervall: $0 \leqq r \leqq 1$. Wegen $f(0) = \Omega$, $f(1) = 3\,\Omega$ $(\Omega > 0)$ kann nämlich in $\langle 0, 1 \rangle$ nur eine gerade Anzahl von Wurzeln liegen, also höchstens zwei (eine Doppelwurzel ist zweifach zu zählen).

Für hinreichend kleine Werte von Ω wird in (3.13) der Ausdruck $r^3 - r = r(r^2 - 1)$ im wesentlichen das Vorzeichen von $f(r)$ bestimmen, das für geeignete r wegen $0 \leqq r \leqq 1$ gewiß negativ ausfallen wird. Insbesondere gilt für $\Omega = 0$: $f(r) = r(r^2 - 1) < 0$ für $0 < r < 1$, und es ist $f(r) = 0$ nur für $r = 0$ und $r = 1$. Diesen Werten entspricht ein kreisförmiger und ein streckenförmiger Meridianschnitt.

Da $f(r) = F(r; \Omega)$ mit Ω monoton wächst, wird z. B. für $\Omega \leqq \frac{1}{5}$

$$(3.14)\quad f\left(\frac{1}{2}\right) \leqq r^3 + \frac{r^2}{5} + \frac{1}{5} - \frac{4}{5}r = \frac{1}{8} + \frac{1}{20} + \frac{1}{5} - \frac{2}{5} = -\frac{1}{40} < 0,$$

hingegen, falls $\Omega \geqq \frac{1}{3}$ ist,

$$(3.15)\quad f(r) \geqq r^3 + \frac{1}{3}r^2 - \frac{2}{3}r + \frac{1}{3} = r^3 + \frac{1}{3}(r-1)^2 > 0$$

für alle r in $\langle 0, 1\rangle$, so daß im letzteren Fall ($\Omega \geqq \frac{1}{3}$) die Gleichung (3.13) keinen realisierbaren Wert für das Achsenverhältnis liefert, während aus (3.14) folgt, daß, wenn $\frac{1}{5} \geqq \Omega$ ist, (3.13) zwei untereinander verschiedene Wurzeln $\bar{r}$ und $\overset{+}{r}$ ($\bar{r} < \overset{+}{r}$) in $\langle 0, 1\rangle$ besitzt. Andererseits schließt man aus dem monotonen Wachstum der Funktion $F(r; \Omega)$, wenn r festgehalten wird und Ω monoton wächst, daß der Wert $\Omega = \mathring{\Omega}$, der zu der einzig möglichen Doppelwurzel $\bar{r} = \overset{+}{r} = \mathring{r}$ gehört, zugleich das Maximum aller Werte Ω darstellt, für die (3.13) reelle Wurzeln in $\langle 0, 1\rangle$ hat. Es gilt nach obigem

$$(3.16)\quad \frac{1}{5} < \mathring{\Omega} < \frac{1}{3}.$$

Man findet, um die Abszisse des Minimalwertes der Funktion $f(r)$ zu berechnen, zunächst

$$(3.17)\quad f'(r) = 3r^2 + 2\Omega r + \Omega - 1; \quad f''(r) = 6r + 2\Omega > 0 \text{ für alle } \begin{cases} r \\ \Omega \end{cases}$$

und daraus

$$f'(r_*) = 0, \quad r_* = -\frac{\Omega}{3} + \frac{1}{3}\sqrt{3 - 3\Omega + \Omega^2},$$

$$(3.18)\quad \Omega = \frac{1 - 3r_*^2}{1 + 2r_*} > 0, \quad r_* < \frac{1}{\sqrt{3}}.$$

Die Doppelwurzel $\mathring{r}$ repräsentiert einmal die Abszisse des Minimalwertes der Funktion $f(r) = F(r; \mathring{\Omega})$, ein andermal muß sie die Beziehung (3.9) erfüllen. Daher gilt

$$(3.19)\quad \frac{\mathring{r}(1 - \mathring{r}^2)}{1 + \mathring{r} + \mathring{r}^2} = \frac{1 - 3\mathring{r}^2}{1 + 2\mathring{r}}.$$

Es ist also $\mathring{r}$ die einzige in $\langle 0, 1\rangle$ wirklich vorhandene Wurzel der Gleichung

$$(3.20)\quad g(r) = r^4 + 2r^3 + 4r^2 - 1 = 0,$$

aus der wegen $g(0) = -1$, $g(1) = 6$, $g'(r) = 4r^3 + 6r^2 + 8r > 0$ zu schließen ist, daß ein und nur ein Wert $\mathring{r}$ vorliegt. Vermöge (3.9) wird ihm ein und nur ein Wert $\mathring{\Omega}$ derart zugeordnet, daß (3.13) für $\Omega > \mathring{\Omega}$ keine, für $\Omega = \mathring{\Omega}$ eine, für $\Omega < \mathring{\Omega}$ zwei Wurzeln $\bar{r}$, $\overset{+}{r}$ ($\bar{r} < \overset{+}{r}$) besitzt.

Es sei $\Omega' < \Omega''$. Hieraus und, weil $F(r; \Omega)$ mit Ω monoton wächst, folgt $\bar{r}' < \bar{r}''$, $\overset{+}{r}'' < \overset{+}{r}'$. Wir erhalten somit folgendes Resultat, wenn in (3.6) die Dichte f und die Zentralmasse M fest gegeben sind.

Bei sehr großer Entfernung L von der Zentralmasse M hat der Meridianschnitt Θ des Ringkörpers T nahezu die Gestalt eines Kreises, der sich bei monoton verringerndem L immer mehr abplattet. Jedoch kann die Entfernung nicht unter den Minimalwert $\mathring{L} = \sqrt[3]{\frac{M}{f\Omega}}$ herabsinken. Die Gesamtheit der so durch $\bar{r}$ definierten Ringkörper bildet eine lineare Reihe. Von der durch $r = \mathring{r}$ charakterisierten Figur $\mathring{T}$ geht für wachsende Werte von $\overset{+}{r}$, L noch eine weitere Reihe ab. Der Meridianschnitt dieser Figuren nimmt bei zunehmendem L eine immer mehr und mehr gestreckte Form an und erhält schließlich für sehr große L und sehr kleine Werte der Winkelgeschwindigkeit ω nahezu die Gestalt einer Strecke.

Damit sind zwei lineare Reihen von angenäherten Gleichgewichtsfiguren gewonnen, die den Ausgangspunkt für die Anwendung der strengen Methode bilden können.

§ 4.

Potential eines beliebigen Rotationskörpers T_1 in der Nachbarschaft erster Ordnung des Kreisringkörpers T mit ellipsenförmigem Meridianschnitt in einem Punkte seiner Oberfläche S_1.

Es möge S_1 eine (geschlossene) Rotationsfläche mit stetiger Normale in einer (hinreichend nahen) Nachbarschaft erster Ordnung von S bezeichnen, so daß die Normale (ν) in einem Punkt P auf S einen einzigen Durchstoßpunkt $P_1 = (X_1, Y_1, Z_1)$ auf S_1 bestimmt. Die Strecke $\overrightarrow{PP_1}$ werde nach außen positiv gezählt und mit $p\zeta$ bezeichnet. Dann ist offenbar (vgl. (2.14))

$$(4.1)\quad \begin{aligned} \mathfrak{X}_1 &= \mathfrak{X} + a p\zeta = \mathfrak{X}\left(1 + \frac{p^2}{R_1^2}\zeta\right) = R_1\left(1 + \frac{p^2}{R_1^2}\zeta\right)\cos\psi, \\ \mathfrak{Z}_1 &= \mathfrak{Z} + c p\zeta = \mathfrak{Z}\left(1 + \frac{p^2}{R_2^2}\zeta\right) = R_2\left(1 + \frac{p^2}{R_2^2}\zeta\right)\sin\psi, \end{aligned}$$

unter $\mathfrak{X}_1$, $\mathfrak{Z}_1$ die Koordinaten des in der Ebene $\mathfrak{E}$ gelegenen Punktes P_1 verstanden. Die Rolle der Gaußschen Parameter, die in der allgemeinen Theorie zur Darstellung der Ausgangsfläche herangezogen werden, mögen im vorliegenden Fall die exzentrische Anomalie ψ und der Azimutwinkel χ übernehmen. In der Ebene $\mathfrak{E}$ sei speziell $\chi = 0$. Es bezeichne $U(\psi, \chi)$ das Newtonsche Potential des Ringkörpers T in $(X, Y, Z) = (\psi, \chi)$, $U_1(\psi, \chi)$ entsprechend dasjenige von T_1 in $(X_1, Y_1, Z_1) = (\psi, \chi, \zeta)$. Für die

Differenz $U_1(\psi, \chi) - U(\psi, \chi)$ soll eine im wesentlichen nach Potenzen der hinreichend klein anzunehmenden unbekannten Funktion $\zeta = \zeta(\psi)$ und ihrer gleichfalls absolut hinreichend klein und stetig vorausgesetzten Ableitung $\frac{d\zeta}{d\psi}$ fortschreitende Entwicklung aufgestellt werden[52]). Durch Einschaltung einer in bezug auf den Parameter t stetigen Schar von Rotationsflächen S_t, die durch das System krummliniger Koordinaten $(\psi, \chi, t\zeta)$, $(0 \leqq t \leqq t^*, t^* > 1)$ definiert werden, zwischen S und S_1 lassen sich die folgenden Formeln herleiten

$$(4.2)\qquad \begin{aligned} U_1(\psi, \chi) - U(\psi, \chi) &= \int_0^1 \frac{\partial U_t}{\partial t} dt, \\ \frac{\partial U_t}{\partial t} &= \int_{S_t} \frac{1}{\varrho_t} (p'\zeta' \cos\varphi_t' - p\zeta \cos\theta_t')\, d\sigma_t'.\text{[53])} \end{aligned}$$

Hierbei bedeutet $P = (\psi, \chi)$ einen festen, $P' = (\psi', \chi')$ einen variablen Punkt auf S, P_t bzw. P_t' sind Durchstoßpunkte der Normalen (ν) in P an S durch S_t bzw. der Normalen (ν') in P' an S durch S_t, ϱ_t ist der Abstand der beiden auf S_t gelegenen Punkte P_t und P_t', $d\sigma_t'$ das Flächenelement auf S_t in P_t', U_t das Newtonsche Potenital des von S_t umschlossenen Ringkörpers T_t in P_t, endlich φ_t' bzw. θ_t' die von der Außennormale (ν_t') von S_t in P_t' mit (ν') bzw. (ν) gebildeten Winkel.

Da T und T_1 Rotationskörper sind, bedeutet es keine Einschränkung der Allgemeinheit, die Differenz $U_1 - U$ speziell in der Ebene $\mathfrak{E}$, also für die Punkte $P_1 = (\mathfrak{X}_1, \mathfrak{Z}_1) = (\psi, 0, \zeta)$, $P = (\mathfrak{X}, \mathfrak{Z}) = (\psi, 0, 0)$ anzusetzen. Die Schnittlinien der Ebene $\mathfrak{E}$ mit den Flächen S_t seien Σ_t, insbesondere mit der Fläche S_1: Σ_1.

Um die Entwicklung von $U_1 - U$ im wesentlichen auf die entsprechende Entwicklung im ebenen Rocheschen Fall zurückzuführen, also das räumliche an einer Rotationsfläche gebildete Problem cum grano salis in ein ebenes zu verwandeln, betrachten wir die Punkte $\overline{P}'$ und $\overline{P}_t'$, in die P' und P_t' übergeführt werden, wenn T und T_t um die z-Achse in die Ebene $\mathfrak{E}$ gedreht werden. Hierbei gelangt $\overline{P}'$ auf Σ, $\overline{P}_t$ auf Σ_t. Die Koordinaten von $\overline{P}'$ bzw. $\overline{P}_t'$ sind augenscheinlich $(\psi', 0, 0)$ bzw. $(\psi', 0, t\zeta')$. Es mögen $l, l_t; l', l_t'$ die Abstände der Punkte $P, P_t; P', P_t'$ von der z-Achse bedeuten. Die Außennormale in $\overline{P}_t'$ an S_t sei $(\bar{\nu}_t')$. Die von $(\bar{\nu}_t')$ mit der z-Achse und der Normale (ν) gebildeten Winkel werden mit τ_t' und ϑ_t' bezeichnet. Da θ_t' für $\chi' = 0$ in ϑ_t' übergeht, und die Richtungskosinus von (ν) ja (vgl. (2.14)) $a, 0, c$ sind, diejenigen von (ν_t') aber $\sin\tau_t' \cos\chi'$,

---

52) Die Funktion ζ ist von χ unabhängig, da wir S_1 ja als Rotationsfläche vorausgesetzt haben. Man vgl. zum Folgenden L. Lichtenstein, loc. cit. [8]), III, S. 95.

53) Vgl. § 9 des ersten Teiles.

$\sin\tau_t'\sin\chi'$, $\cos\tau_t'$, gilt

$$\begin{aligned}(4.3)\qquad \cos\theta_t' &= c\cdot\cos\tau_t' + a\sin\tau_t'\cos\chi'\\ &= c\cdot\cos\tau_t' + a\sin\tau_t' + a\sin\tau_t'(\cos\chi'-1)\\ &= \cos(\tau_t'-\tau_0) - 2a\sin\tau_t'\sin^2\frac{\chi'}{2}\\ &= \cos\vartheta_t' - 2a\sin\tau_t'\sin^2\frac{\chi'}{2},\end{aligned}$$

demnach wegen (4.2)

$$\begin{aligned}(4.4)\qquad \frac{\partial U_t}{\partial t} &= \int_{S_t}\frac{1}{\varrho_t}(p'\zeta'\cos\varphi_t' - p\zeta\cos\vartheta_t')\,d\sigma_t'\\ &\quad + 2p\zeta a\int_{S_t}\sin\tau_t'\sin^2\frac{\chi'}{2}\cdot\frac{1}{\varrho_t}\,d\sigma_t' = \varDelta_1 + \varDelta_2.\end{aligned}$$

Aus den Beziehungen (2.1) und (4.4) folgt jetzt

$$(4.5)\quad \varDelta_1 = \int_{\Sigma_t}(p'\zeta'\cos\varphi_t' - p\zeta\cos\vartheta_t')\left[2\log\frac{8l_t'}{\bar\varrho_t} + O\left(\frac{\bar\varrho_t}{l_t'}\log\frac{8l_t'}{\bar\varrho_t}\right)\right]ds_t',$$

wobei $\bar\varrho_t$ den Abstand der Punkte $P_t=(\psi, 0; t\zeta)$ und $\bar P_t'=(\psi', 0, t\zeta')$ auf Σ_t, ds_t' das Bogenelement auf Σ_t in $\bar P_t'$ bezeichnet. Für $t=0$ gibt $\bar\varrho_0=\bar\varrho$ den Abstand der Punkte $P=(\psi, 0; 0)$ und $\bar P'=(\psi', 0; 0)$ auf Σ an. Eine leichte Umformung ergibt nun

$$\begin{aligned}(4.6)\qquad \varDelta_1 &= 2\int_{\Sigma_t}(p'\zeta'\cos\varphi_t' - p\zeta\cos\vartheta_t')\log\frac{8L}{\bar\varrho_t}\,ds_t'\\ &+ \int_{\Sigma_t}(p'\zeta'\cos\varphi_t' - p\zeta\cos\vartheta_t')\left[2\log\frac{l_t'}{L} + O\left(\frac{\bar\varrho_t}{l_t'}\log\frac{8l_t'}{\bar\varrho_t}\right)\right]ds_t' = \varDelta_3 + \varDelta_4.\end{aligned}$$

Bedeuten $\mathfrak{x}_t$, $\mathfrak{z}_t$ und $\mathfrak{x}_t'$, $\mathfrak{z}_t'$ die kartesischen Koordinaten der auf Σ_t gelegenen Punkte P_t und P_t', so gilt zunächst

$$(4.7)\qquad \begin{aligned} & l_t = L + \mathfrak{x}_t, \qquad \bar\varrho_t = (\mathfrak{x}_t' - \mathfrak{x}_t)^2 + (\mathfrak{z}_t' - \mathfrak{z}_t)^2,\\ & \log\frac{l_t'}{L} = \frac{\mathfrak{x}_t'}{L} + \frac{1}{2}\frac{\mathfrak{x}_t'}{L^2} + \dots = O\left(\frac{\mathfrak{x}_t'}{L}\right) = O\left(\frac{R}{L}\right), \qquad \frac{\bar\varrho_t}{l_t'} = O\left(\frac{R}{L}\right)\end{aligned}$$

und infolgedessen

$$(4.8)\qquad \varDelta_4 = \int_{\Sigma_t}(p'\zeta'\cos\varphi_t' - p\zeta\cos\vartheta_t')\cdot\left[O\left(\frac{R}{L}\right) + O(k)\right]ds_t'.$$

Für $|\zeta| \leqq \varepsilon_1$ folgt hieraus die Ungleichheit

$$(4.9)\qquad \left|\int_0^1 \varDelta_4\,dt\right| < k_*\varepsilon_1\left|\frac{R}{L}\log\frac{8L}{R}\right| \qquad (k_* \text{ konstant}).$$

Der Integralausdruck $\int_0^1 \varDelta_3\,dt$ gestattet eine zu I, (9.2) völlig analoge

Entwicklung der Form

$$(4.10)\qquad \int_0^1 \Delta_3\,dt = \mathfrak{U}^{(1)} + \mathfrak{U}^{(2)} + \mathfrak{U}^{(3)} + \dots,$$

$$\mathfrak{U}^{(n)} = \frac{2}{n!}\int_{\Sigma}\left\{\frac{\partial^{n-1}}{\partial t^{n-1}}\left(\log\frac{8L}{\bar{\varrho}_t}\left[p'\zeta'\cos\varphi_t' - p\zeta\cos\vartheta_t'\right]\right)\right\}_{t=0} ds',$$

$$\mathfrak{U}^{(1)} = 2p\zeta\frac{\partial}{\partial\nu}\mathfrak{U} + 2\int_{\Sigma} p'\zeta'\log\frac{8L}{\bar{\varrho}}\,ds', \qquad \mathfrak{U} = D - A\mathfrak{X}^2 - B\mathfrak{Z}^2.$$

Nunmehr erhalten wir nach (4.2)

$$(4.11)\qquad U_1 - U = \int_0^1 (\Delta_1 + \Delta_2)\,dt = \int_0^1 (\Delta_3 + \Delta_4 + \Delta_2)\,dt$$

$$= 2p\zeta\frac{\partial}{\partial\nu}\mathfrak{U} + 2\int_{\Sigma} p'\zeta'\log\frac{8L}{\bar{\varrho}}\,ds' + \mathfrak{U}^{(2)} + \mathfrak{U}^{(3)} + \dots + \int_0^1 \Delta_4\,dt + \int_0^1 \Delta_2\,dt.$$

In ganz ähnlicher Weise wie bei den Ringfiguren ohne Zentralkörper läßt sich zeigen, daß auch der Ausdruck $\int_0^1 \Delta_2\,dt$ einer Ungleichheit der Form (4.9) genügt[54]). Ebenso findet man wie bei jenen Betrachtungen die für den Existenzbeweis wesentlichen Ungleichheitsbeziehungen.

Setzt man

$$(4.12)\qquad \mathfrak{U}^{(2)} + \mathfrak{U}^{(3)} + \dots = \Omega^{(1)}(\zeta)$$

und ist $p\dot{\zeta}$ eine andere nebst ihrer Ableitung auf Σ stetige Funktion, so daß

$$(4.13)\qquad |p\zeta|,\ \left|\frac{d(p\zeta)}{d\psi}\right|,\ |p\dot{\zeta}|,\ \left|\frac{d(p\dot{\zeta})}{d\psi}\right| \leqq \varepsilon \leqq \varepsilon_0,$$

ist, und es möge

$$(4.13')\qquad |\zeta - \dot{\zeta}|,\ \left|\frac{d\zeta}{d\psi} - \frac{d\dot{\zeta}}{d\psi}\right| < m$$

sein, so gilt

$$(4.14)\qquad |\Omega^{(1)}|,\ \left|\frac{d\Omega^{(1)}}{d\psi}\right| < \tilde{k}\varepsilon^2 \qquad (\alpha^*,\ \tilde{k}\ \text{konstant})^{55)},$$

$$|\Omega^{(1)}\{p\zeta\} - \Omega^{(1)}\{p\dot{\zeta}\}|,\ \left|\frac{d}{d\psi}\Omega^{(1)}\{p\zeta\} - \frac{d}{d\psi}\Omega^{(1)}\{p\dot{\zeta}\}\right| < \alpha^*\varepsilon m.$$

Schreibt man die Festsetzung (3.7) in der Gestalt

$$(4.15)\qquad 2A = 2B\frac{R_2^2}{R_1^2} + \frac{\omega^2}{2\varkappa f}\left(3 + \frac{R_2^2}{R_1^2}\right),$$

[54]) Vgl. L. Lichtenstein, loc. cit. [8]), III. Abh., S. 94 und 114 ff.

[55]) Vgl. L. Lichtenstein, loc. cit. [8]), III. Abh., S. 93 und 94.

so ergibt sich mit Hilfe der Formeln (2.8), (4.10)

$$(4.16)\qquad \frac{\partial \mathfrak{U}}{\partial \nu} = -2\left[A\mathfrak{X}a + B\mathfrak{Z}c\right] = -2p\left[A\frac{\mathfrak{X}^2}{R_1^2} + B\frac{\mathfrak{Z}^2}{R_2^2}\right]$$

$$= -2p\left[BR_2^2\frac{\mathfrak{X}^2}{R_1^4} + BR_2^2\frac{\mathfrak{Z}^2}{R_2^4}\right] - \frac{\omega^2}{2\varkappa f}p\left(3+\frac{R_2^2}{R_1^2}\right)\frac{\mathfrak{X}^2}{R_1^2}$$

$$= -2pBR_2^2\left[\frac{\mathfrak{X}^2}{R_1^4} + \frac{\mathfrak{Z}^2}{R_2^4}\right] - \frac{\omega^2}{2\varkappa f}\left(3+\frac{R_2^2}{R_1^2}\right)a\mathfrak{X}$$

$$= -2\frac{BR_2^2}{p} - \frac{\omega^2}{2\varkappa f}\left(3+\frac{R_2^2}{R_1^2}\right)a\mathfrak{X}$$

$$= -\pi\frac{R_1R_2}{p}(1-r) - \frac{\omega^2}{2\varkappa f}\left(3+\frac{R_2^2}{R_1^2}\right)a\mathfrak{X}.$$

§ 5.

Aufstellung der fundamentalen Integro-Differentialgleichung.

Wir haben jetzt die Mittel an der Hand, um die für die Theorie charakteristische Integro-Differentialgleichung aufzustellen. Wir denken uns nun wieder den in der Nachbarschaft erster Ordnung von T gelegenen ringförmigen Rotationskörper wie früher T mit homogener Flüssigkeitsmasse der Dichte f erfüllt und wie ein starrer Körper mit konstanter Winkelgeschwindigkeit ω_1, deren Wert sich wenig von ω unterscheidet, um die z-Achse rotieren. Damit bei dieser Bewegung, bei der auf T_1 die Eigengravitation, die Zentrifugalkräfte und die Attraktion der Zentralmasse M einwirken, sich das System M, T_1 — auf ein mitrotierendes Achsensystem bezogen — im Gleichgewicht befindet, muß auf S_1

$$(5.1)\qquad U_1(\psi,0) + \frac{\omega_1^2}{2\varkappa f}(L+\mathfrak{X}_1)^2 + \mathfrak{G}(\mathfrak{X}_1,\mathfrak{Z}_1) = s_1 \qquad (s_1 \text{ konstant})$$

sein. Durch Subtraktion ergibt sich aus den Beziehungen (1.3) und (5.1)

$$(5.2)\qquad U_1(\psi,0) - U(\psi,0) + \frac{\omega_1^2}{2\varkappa f}(L+\mathfrak{X}_1)^2 - \frac{\omega^2}{2\varkappa f}(L+\mathfrak{X})^2$$
$$+\mathfrak{G}(\mathfrak{X}_1,\mathfrak{Z}_1) - \mathfrak{G}(\mathfrak{X},\mathfrak{Z}) = s_1 - s_0 - \Psi(\mathfrak{X},\mathfrak{Z})$$

Nach (3.3) und (4.1) wird

$$(5.3)\qquad \mathfrak{G}(\mathfrak{X}_1,\mathfrak{Z}_1) - \mathfrak{G}(\mathfrak{X},\mathfrak{Z})$$
$$= \frac{M}{2fL^3}\left[2(\mathfrak{X}-\mathfrak{X}_1)L + 2(\mathfrak{X}_1^2-\mathfrak{X}^2) + (\mathfrak{Z}^2-\mathfrak{Z}_1^2) + R^2\zeta O(h)\right]$$
$$= \frac{M}{2fL^3}\left[-2p\zeta aL + 2(2p\zeta a\mathfrak{X} + a^2p^2\zeta^2) - 2p\zeta c\mathfrak{Z} - c^2p^2\zeta^2 + R^2\zeta O(h)\right].$$

Setzen wir noch

$$(5.4)\qquad \frac{\omega_1^2-\omega^2}{2\varkappa f}=\lambda\frac{q}{2}\frac{R}{L}=\frac{q}{2}\lambda h,$$ [56]

so erhalten wir gleichfalls wegen (4.1)

$$(5.5)\qquad \frac{\omega_1^2}{2\varkappa f}[L+\mathfrak{X}_1]^2-\frac{\omega^2}{2\varkappa f}[L+\mathfrak{X}]^2=\frac{q}{2}\lambda h[L^2+2L\mathfrak{X}+\mathfrak{X}^2]$$

$$+\frac{\omega^2}{2\varkappa f}2ap\zeta(L+\mathfrak{X})+\frac{\omega^2}{2\varkappa f}a^2p^2\zeta^2+\frac{q}{2}\lambda h\,2ap\zeta(L+\mathfrak{X})+\frac{q}{2}\lambda h a^2p^2\zeta^2.$$

Unter Verwendung der Festsetzung (3.6) wird

$$(5.6.)\qquad \frac{\omega_1^2}{2\varkappa f}(L+\mathfrak{X}_1)^2-\frac{\omega^2}{2\varkappa f}(L+\mathfrak{X})^2+\mathfrak{G}(\mathfrak{X}_1,\mathfrak{Z}_1)-\mathfrak{G}(\mathfrak{X},\mathfrak{Z})$$

$$=\frac{\omega^2}{2\varkappa f}[2p\zeta(3a\mathfrak{X}-c\mathfrak{Z})+p^2\zeta^2(3a^2-c^2)]+\frac{q}{2}\lambda h[L^2+2L\mathfrak{X}+\mathfrak{X}^2]$$

$$+\frac{q}{2}\lambda h[2p\zeta a(L+\mathfrak{X})+p^2\zeta^2a^2].$$

Wegen (4.16) lautet (4.11) nach einer leichten Umformung

$$(5.7)\qquad U_1-U=-2\pi R_1R_2(1-r)\zeta+2\int\limits_{\Sigma}p'\zeta'\log\frac{R_1}{\varrho(1+r)}ds'$$

$$-\frac{\omega^2}{2\varkappa f}2p\zeta\left(3+\frac{R_2^2}{R_1^2}\right)a\mathfrak{X}+2\log\frac{8L}{R_1}(1+r)\int\limits_{\Sigma}p'\zeta'ds'$$

$$+\int\limits_0^1(\Delta_4+\Delta_2)\,dt+\mathfrak{U}^{(2)}+\mathfrak{U}^{(3)}+\dots.$$

Wir setzen jetzt

$$(5.8)\qquad s=s_0-s_1+\frac{q}{2}RL\lambda+2\log\frac{8L}{R_1}(1+r)\int\limits_{\Sigma}p'\zeta'ds'\qquad (s\text{ klein})$$

und erhalten an Stelle der Beziehung (5.2)

$$(5.9)\ 2\pi R_1R_2(1-r)\zeta-2\int\limits_{\Sigma}p'\zeta'\log\frac{R_1}{\varrho(1+r)}ds'=s-\frac{\omega^2}{2\varkappa f}2p\zeta\left(c\mathfrak{Z}+\frac{R_2^2}{R_1^2}a\mathfrak{X}\right)$$

$$+\frac{q}{2}\lambda h[2L\mathfrak{X}+\mathfrak{X}^2]+\frac{\omega^2}{2\varkappa f}p^2\zeta^2(3a^2-c^2)+\frac{q}{2}\lambda h\,2p\zeta a(L+\mathfrak{X})$$

$$+\frac{q}{2}\lambda hp^2\zeta^2a^2+\Psi(\mathfrak{X},\mathfrak{Z})+\int\limits_0^1(\Delta_4+\Delta_2)\,dt+\mathfrak{U}^{(2)}+\mathfrak{U}^{(3)}+\dots.$$

Durch eine leichte Umrechnung ergibt sich

$$(5.10)\qquad c\mathfrak{Z}+\frac{R_2^2}{R_1^2}a\mathfrak{X}=p\left[\frac{\mathfrak{Z}^2}{R_2^2}+\frac{R_2^2}{R_1^2}\frac{\mathfrak{X}^2}{R_1^2}\right]=pR_2^2\left[\frac{\mathfrak{Z}^2}{R_2^4}+\frac{\mathfrak{X}^2}{R_1^4}\right]=\frac{R_2^2}{p}$$

---

[56]) Auch hier gelten entsprechende Betrachtungen wie in Fußnote [13]).

und daher unter Berücksichtigung der Relation (3.9)

$$\frac{\omega^2}{2\varkappa f}2p\zeta\left(c\mathfrak{Z}+\frac{R_2^2}{R_1^2}a\mathfrak{X}\right)=\pi R_1 R_2\zeta\frac{r(1-r)^2}{1+r+r^2}. \tag{5.11}$$

Man findet demnach unmittelbar

$$2\pi R_1 R_2(1-r)\zeta+\pi R_1 R_2\zeta\frac{r(1-r)^2}{1+r+r^2}=\pi R_1 R_2\zeta\frac{(1-r^2)(2+r)}{1+r+r^2}.\text{[57]} \tag{5.12}$$

Mithin geht jetzt (5.9) über in

$$\begin{aligned}\pi R_1 R_2\frac{(1-r^2)(2+r)}{1+r+r^2}\zeta-2R_1R_2\int_0^{2\pi}\zeta'\log\frac{R_1}{\varrho(1+r)}d\psi'=s+q\lambda R\mathfrak{X}\\+\frac{q}{2}\lambda h\mathfrak{X}^2+\Psi(\mathfrak{X},\mathfrak{Z})+\frac{\omega^2}{2\varkappa f}p^2\zeta^2(3a^2-c^2)+q\lambda hp\zeta a(L+\mathfrak{X})\\+\int_0^1(\varDelta_1+\varDelta_2)dt+\frac{q}{2}\lambda hp^2\zeta^2a^2+\mathfrak{U}^{(2)}+\mathfrak{U}^{(3)}+\dots.\end{aligned} \tag{5.13}$$

Dies ist nun die für das Problem maßgebende nichtlineare Integro-Differentialgleichung zur Bestimmung von ζ. Die rechte Seite weist entweder Ausdrücke, die mit den kleinen Parametern s, λ, $h=\frac{R}{L}$, $k=\frac{R}{L}\log\frac{8L}{R}$ behaftet sind, oder aber Glieder, die ζ von mindestens zweiter Ordnung enthalten, auf.

§ 6.

Die homogene Integralgleichung.

Durch Nullsetzen der rechten Seite von (5.13) gewinnen wir die homogene lineare Integralgleichung:

$$\pi R_1 R_2\frac{(1-r^2)(2+r)}{1+r+r^2}\zeta-2R_1R_2\int_0^{2\pi}\zeta'\log\frac{R_1}{\varrho(1+r)}d\psi'=0, \tag{6.1}$$

bzw.

$$\zeta-\frac{2(1+r+r^2)}{\pi(1-r^2)(2+r)}\int_0^{2\pi}\zeta'\log\frac{R_1}{\varrho(1+r)}d\psi'=0. \tag{6.2}$$

Den Ergebnissen des ersten Teiles § 4 zufolge hat die um den reellen Parameter k_n erweiterte Integralgleichung

$$v_n-k_n\int_0^{2\pi}v_n'\log\frac{R_1}{\varrho(1+r)}d\psi'=0 \tag{6.3}$$

[57]) Für $R_1=R_2$, d. h. $r=0$ geht dieser Ausdruck in den loc. cit. [8]), dritte Abhandlung, S. 111 angeführten Ausdruck $2\pi R\zeta$ über. Man beachte, daß wir $\overrightarrow{PP_1}=p\zeta=\bar{\zeta}$ gesetzt hatten, und für $R_1=R_2$ die Funktion $p=p(\psi)$ in die Konstante R übergeht.

die zu den einfachen Eigenwerten

$$k_n: \frac{1}{\pi(1+r)}, \frac{1}{\pi(1-r)}; \ldots; \frac{n}{\pi(1+r^n)}, \frac{n}{\pi(1-r^n)}; \ldots \tag{6.4}$$

gehörenden, gemäß

$$\int_0^{2\pi} v_n^2 \, d\psi = 1 \tag{6.5}$$

normierten Eigenfunktionen

$$\frac{\cos\psi}{\sqrt{\pi}}, \frac{\sin\psi}{\sqrt{\pi}}; \ldots; \frac{\cos n\psi}{\sqrt{\pi}}, \frac{\sin n\psi}{\sqrt{\pi}}; \ldots. \tag{6.6}$$

Damit (6.1) eine Nullösung besitzt, ist also notwendig und hinreichend, daß die Bestimmungsgleichung in r

$$k_n = \frac{2(1+r+r^2)}{\pi(1-r^2)(2+r)} \tag{6.7}$$

erfüllt ist. Ausführlicher geschrieben, bestehen folgende Bedingungen

$$\frac{1+r^n}{n} = \frac{(1-r^2)(2+r)}{2(1+r+r^2)} \qquad (n = 1, 2, \ldots) \tag{6.8}$$

bzw.

$$\frac{1-r^n}{n} = \frac{(1-r^2)(2+r)}{2(1+r+r^2)}. \tag{6.9}$$

Diese Gleichungen, die wie in I. ausführlich zu diskutieren sind, können höchstens abzählbar unendlich viele singuläre Werte $r = r_n$ liefern.

Im regulären Fall läßt sich der Existenzbeweis wie im ersten Teil führen.

Wir untersuchen zuerst die Gleichung (6.9). Sie hat außer den trivialen Wurzeln $r = 0$ für $n = 1$, $r = 1$ für alle n keine weiteren dem Intervall $\langle 0, 1 \rangle$ angehörenden Lösungen. Wir schreiben

$$g(r) = n\frac{(1+r)(2+r)}{2(1+r+r^2)} - \frac{1-r^n}{1-r}, \tag{6.10}$$

so daß (6.9) mit $g(r) = 0$ äquivalent wird. Da wegen $r < 1$ $(r \neq 0, 1)$

$$\frac{(1+r)(2+r)}{2(1+r+r^2)} = \frac{2+3r+r^2}{2+2r+2r^2} > 1, \quad \frac{1-r^n}{1-r} = 1 + r + r^2 + \ldots + r^{n-1} < n \tag{6.11}$$

und folglich

$$g(r) > 0 \tag{6.12}$$

gilt, liegt in $(0, 1)$ keine Wurzel von (6.9).

Schreibt man (6.8) in der Form

$$\begin{aligned} f_n(r) = 2 + 2r + 2r^2 + 2nr^2 + nr^3 \\ + 2r^n + 2r^{n+1} + 2r^{n+2} - 2n - nr = 0, \end{aligned} \tag{6.13}$$

so ist am Rande des fraglichen Intervalls

(6.14) $f_n(0) = 2(1-n) < 0$ für $n > 1$, $f_n(1) = 12 > 0$ für alle n,

und $f_n(r)$ hat in $\langle 0, 1\rangle$ eine ungerade Anzahl von Wurzeln.

Die Ableitung

(6.15) $$f_n'(r) = 2 + 4r + 4nr + 3nr^2 + 2nr^{n-1} + 2(n+1)r^n + 2(n+2)r^{n+1} - n$$

hat am Rande des Intervalls die Werte

(6.16) $f_n'(0) = 2 - n < 0$ für $n > 2$, $f_n'(1) = 10 + 12n > 0$ für alle n.

Weil nun aber für alle n

(6.17) $$f_n''(r) = 4 + 4n + 6nr + 2n(n-1)r^{n-2} + 2n(n+1)r^{n-1} + 2(n+2)(n+1)r^n > 0$$

ist, wechselt $f'(r)$ in $\langle 0, 1\rangle$ genau einmal das Zeichen. Mit (6.16) und (6.14) ergibt dies: die Kurve $f_n(r)$, die in 0 unter der Abszissenachse verläuft, fällt mit wachsendem r anfangs, um für einen gewissen Wert $r = \breve{r}$ ein Minimum anzunehmen, und steigt dann monoton zu positiven Werten auf, sie kann also nur einmal die r-Achse schneiden und tut es auch. Mit anderen Worten, für alle $n = 3, 4, 5, \ldots$ besitzt (6.8) jedesmal eine und nur eine Wurzel r_n.

Im Fall $n = 2$ ist $f_n'(0) = 0$, $f_n'(1) > 0$, $f_n''(r) > 0$, also die Ableitung $f_n'(r) > 0$ außer für $r = 0$: die Kurve $f_n(r)$ steigt dauernd von negativen zu positiven Werten auf und schneidet dabei ein einziges Mal die Abszissenachse. Die Gleichung (6.8) hat auch jetzt ($n = 2$) genau eine Wurzel r_2 in $(0, 1)$. Für $n = 1$ kommt, wie man sofort sieht, außer $r_1 = 0$ keine Lösung in Frage.

Bildet man vermöge (6.13) für ein und denselben Punkt einmal die Funktion $f_n(r)$, einmal $f_{n+1}(r)$, so liest man mühelos ab, daß die Ungleichheit

(6.18) $$f_n(r) - f_{n+1}(r) > 0$$

besteht, aus der in Übereinstimmung mit dem I. Teile

(6.19) $$r_n < r_{n+1} \qquad (n = 2, 3, \ldots)$$

folgt.

Alles in allem: *die Beziehung* (6.8) *hat stets eine und nur eine in* $(0, 1)$ *gelegene Wurzel* r_n, *in der Reihe der Ringkörper gibt es abzählbar unendlich viele, nämlich die zu* r_n $(n = 2, 3, \ldots)$ *gehörigen, singuläre, möglicherweise zu Verzweigungen Anlaß gebende Ringfiguren, für welche die homogene Integralgleichung* (6.1) bzw. (6.2) *nichttriviale Nullösungen der Form*

$$u_3^{(n)} = \frac{\cos n\,\psi}{\sqrt{\pi}} \qquad (n = 2, 3, \ldots) \tag{6.20}$$

besitzt. Die Integralgleichung (6.1) hat übrigens keine trivialen (d. h. für alle r gültigen) Nullösungen.

Wie man sich leicht überzeugt, führt (6.8) für $n = 2$ auf die Beziehung (3.20), so daß also dem Maximum der Winkelgeschwindigkeit, wo die beiden Ausgangsreihen zusammenhängen, — analog den Ergebnissen in Teil I und II — die Nullösung

$$u_3^{(2)} = \frac{\cos 2\,\psi}{\sqrt{\pi}} \tag{6.21}$$

entspricht. Es ist nicht schwer, zu erkennen, daß sich der Existenzbeweis im Falle $n = 2$ wieder genau so wie in I oder II führen läßt, da auf der rechten Seite der Integro-Differentialgleichung $u_3^{(2)}$ in $\lambda\,\mathfrak{X}^2$ von ζ frei auftritt. *Also gibt es dort keine weiteren reellen Gleichgewichtsfiguren.*

Leipzig, den 8. November 1931.

Lebenslauf.

Ich, Alexander Viktor Garten, wurde am 17. Mai 1906 in Leipzig als Sohn des außerordentlichen Professors für Physiologie Ernst Heinrich Siegfried Garten geboren. Nachdem mein Vater im Herbst 1908 einem Rufe als Ordinarius an die Universität Gießen Folge geleistet hatte, besuchte ich dort 1912 bis 1915 die Vorschule, dann die Sexta des humanistischen Gymnasiums bis Februar 1916. Nach einer Übersiedlung nach Leipzig wurde ich hier Ostern 1916 in die Quinta des Nikolaigymnasiums aufgenommen und verließ Ostern 1924 die humanistische Abteilung dieser Anstalt nach Abschluß der Reifeprüfung. Darauf widmete ich mich dem Studium der Mathematik und Physik an den Universitäten Königsberg i. Pr., Gießen, Tübingen und Leipzig. Den Lehrern meiner Studienzeit, insbesondere den Herren Professoren: Geheimrat Hölder, Bauschinger, Koebe, Herglotz, Knopp, Geppert, Heisenberg und Böttger bin ich zu großem Dank verpflichtet. Ganz besonderen Dank schulde ich aber Herrn Professor Lichtenstein für seine wertvollen Anregungen und Ratschläge, die er mir nicht nur bei der Abfassung dieser Dissertation zuteil werden ließ.